富裕，
属于口袋装满快乐的人

［肯尼亚］戴维·卡梅伦·吉坎蒂 ◎著

谢佳真◎译

华夏出版社
HUAXIA PUBLISHING HOUSE

A Happy Pocket Full of Money by David Cameron Gikandi

Copyright © 2015 by David Cameron Gikandi

Through Andrew Nurnberg Associates International Limited

北京市版权局著作权登记号：图字01-2016-3468号

图书在版编目（CIP）数据

富裕，属于口袋装满快乐的人 /（肯尼亚）戴维·卡梅伦·吉坎蒂著；
谢佳真译. —北京：华夏出版社，2018.8（2025.10重印）

书名原文：A Happy Pocket Full of Money

ISBN 978-7-5080-9320-8

Ⅰ.①富… Ⅱ.①戴…②谢… Ⅲ.①人生哲学－通俗读物 Ⅳ.①B821-49

中国版本图书馆CIP数据核字(2017)第229024号

富裕，属于口袋装满快乐的人

著　　者　〔肯尼亚〕戴维·卡梅伦·吉坎蒂
译　　者　谢佳真
责任编辑　陈　迪　王秋实

出版发行　华夏出版社有限公司
经　　销　新华书店
印　　刷　三河市少明印务有限公司
装　　订　三河市少明印务有限公司
版　　次　2018年8月北京第1版　2025年10月北京第12次印刷
开　　本　710×1000　1/16开
印　　张　16.75
字　　数　235千字
定　　价　49.00元

华夏出版社有限公司　网址:www.hxph.com.cn 地址：北京市东直门外香河园北里4号 邮编：100028
若发现本版图书有印装质量问题，请与我社营销中心联系调换。电话：（010）64663331（转）

目录
Contents

前言

　　我因为影片《秘密》和在线课程而在吸引力法则的领域闯出名号，在那之前很久，我就如同许多人一样，是个追寻者。我苦寻改善人生的方法。

　　偶然间我听说了我们人类"创造自己的实相"这样的概念，我们可以凭借自己的意图，决定自己的人生体验！这可挑起了我浓厚的兴趣。

　　随后多年，有关探索这些概念的书籍我看过不知多少，也听过一个钟头又一个钟头的录音课程。我阅读关于观想和冥想的资料。其实，我看的书很多都会被归为形而上学或新世纪。我对新世纪的信息绝对没有意见，可是我心里有一部分深深觉得那些动听的概念实在无法满足我。

　　我需要实证。

　　倒不是说我不相信自己所看的书。在理智上，我完全可以理解观想和冥想这类工具为何可以多少改善生活的情况。然而，我的亲身试验却不见效，这实在令人气馁。

　　我研究这些东西都那么久了，不仅如此，我还想教导别人如何运用这些原则。我制作录音课程，有时也授课，希望以教导别人"设计自己的人生"为业。

当然，问题在于我还没办法完全实现那些概念。我仍然缺了一些必要的信息，那样才能落实我在大脑层次对这些概念的理解，并且看到成效。

结果不大成功，即便到了今天，我仍然相信自己教的内容很精确，只是缺了一些环节。我得先自己找到这些环节，才能指导别人扭转人生。

我的财务拮据到令我终于醒悟自己该做的事，就是停止拼命尝试。我一直教人只要放手让"宇宙"做工，宇宙便会为你搞定一切，但其实我不是真的很懂那怎么能行得通！

基本上，我决定遵循自己传授别人的道理，也就是聆听自己的直觉，凭着直觉行动。这表示我必须厘清自己想要什么生活，之后，或许可以说是寻找下一步该做什么的征兆。起初这十分困难，因为我被引导去做的事怎么看都跟我的目标不相干。尽管如此，我依然遵循这些指引，结果走上了一条永久改写人生的路。

细节就不说了，总之一连串鼓舞人心的对谈跟"偶遇"让我发现了戴维·卡梅伦·吉坎蒂所著的《富裕，属于口袋装满快乐的人》。那时候，这本书只能从网络上下载电子书，当我看到书中涵盖的主题，心中不是只有小小雀跃而已。书里的内容将我对"创造你的实相"这回事的全部疑问和遭遇的难题一网打尽，我立刻下载了电子书，迫不及待想要细读。

我的心智在许多层面都大开眼界，因为这本书确实为我补齐了所有失落的环节，连我没意识到自己需要知道关于"科学"层面的事都谈了！

那是我第一次了解自己的想法和信念的实际威力，这让我悟出，想法和信念是左右我生命体验的实质能量。这本书让我一清二楚地看到我为了追求成功而庸庸碌碌、忙东忙西，但我对金钱和成功的实际信念却是"钱很难赚，怎么赚都不够"，因为我从小到大的一贯经验就是如此。我突然明白了这些信念深深钳制了我的能力，干预我做事，让我跟这辈子想做到

2

或拥有的事物无缘。

　　这本书对量子物理学的讨论头头是道，浅显易懂。赫然间，创造自己的实相不再是新世纪的说法；实际上，那是我们每天时时刻刻都在做的事。

　　仿佛就在一瞬间，我对自己接下来该采取什么行动了然于心，也清楚知道该怎么实现自己协助别人了解这些概念，进而扭转人生的愿景。

　　我立刻想到要制作在线课程，以便向世界分享戴维的著作，于是我联系了他，问他愿不愿意让我将他的书纳入我们的"钱多到没天理"课程。（顺带一提，这是拜他的书所启发的课程，若没有他的书，绝不会有这门课！）

　　我会一辈子感激他答应了。

　　从那时候起，我便很荣幸地和数以千计的人分享《富裕，属于口袋装满快乐的人》，并看着书中传达的理念在他们身上发挥类似的效果。戴维以卓越的沟通能力阐述宇宙的真实运作机制，教人如何善用这些知识，活出神奇的人生，打开了世界各地人士的眼界。

　　我的成功、我的事业、我改写的别人的人生、我得到不可思议的机会（例如在《秘密》中亮相），全都多亏了戴维以及你此刻拿在手上的这部奇书。我将戴维视为朋友，也是极少数我真心视为精神导师和英雄的人物。

　　这本书跟我读过的其他个人成长书籍有天壤之别。

　　《富裕，属于口袋装满快乐的人》将颠覆你的世界。

　　祝各位玩个痛快！

鲍勃 · 多伊尔（Bob Doyle）

（本文作者为《秘密》导师，著有《秘密的五个练习：向宇宙下订单的实战操练手册》）

01

第一章

金钱：金钱是幻象——是其他事物的影子

　　拥有富裕的第一步是认识富裕。很少人知道富裕的真实本质。富裕是什么？为什么人会富裕？这个原因背后的起因又是什么？金钱在这个世界上是富裕的象征物，我们就从金钱开始谈起，然后慢慢深入。

　　金钱不是真的。

　　金钱只是法定货币，是一种交换的形式。我们用金钱交换价值，金钱代表价值。

　　金钱是价值的"实体"，是个人价值、内在价值上升或下降的物质呈现。不是外在"事物"的价值起伏，而是我们内在的个人价值。要是我们不在了，汽车之类的东西会值多少钱？一文不值，至少对我是如此。也就是说，事物的价值是我们这些"观察者"赋予的，然而那其实是我们内在的价值，也就是我们赋予物质事物价值。物质事物本身没有"金钱"价值，那是我们给予的。因此，金钱是你我内心里某一部分的内在价值于外的具体呈现。也因此，今天价值一百万美元的一栋房子或股票，若当事人心生恐惧，明天价值可能就会跌至五十万美元。恐惧会折损当事人一部分的内在价值，然后反映在钞票上，即价值的"实体"。

　　还有一件事：实际的纸币根本没有等额呈现全部的金钱。要等额呈现是不切实际的，据估计（各国不一），银行里的钱只有4%这么低的比例具有货币的实体。想象一下，全世界要用掉多少棉、麻、纸浆、金属才能把每个人银行户头的金额制作成货币。想想要多少空间来存放这么多的纸币和硬币。

假如用一美元钞票堆成堆，只堆一百万就有一吨重、一百二十余米高。同理，金钱也不再以黄金储备的形式存在，从19世纪70年代起，维持金本位制就超出我们合理的能力范围了。

那我们老是挂在嘴上的钱，到底以什么形式存在？其实，那是一个巨大的幻象。金钱只是一堆以纸张和计算机储存装置记录的数字，分别登记在个人、企业、投资群体的名下，说得更精确一点，那又是一个幻象！换个方式说，每一百美元或任何等值的其他币值，只有大约四美元以纸钞或硬币形式存在，其余的九十六美元仅仅是银行、企业跟其他机构记录在纸张和计算机上的数字。这套系统没有崩毁完全是仰赖大家的信心。上一次有很多人停止相信这套系统是在经济大萧条前夕，当时大批人潮涌进银行提领存款，却不是每个人都能如愿。这不是经济大萧条的成因，却令萧条加速发生。

所以说，钱不是真的，其他事物才是真的。金钱只是这些事物的影子。富裕的第一步是认识金钱的真貌，讲得精确一点，是了解金钱代表了什么。学会不要老是关注金钱。你很快就会知道，只有在少之又少的情况下，你才需要把钱当成你现在认知中的那个东西看待，即现金、银行存款、花费等。这些只是影子，不是真货。不久你就会明白，关注这些影子、金钱的实体，对你和你的财务非常不明智，也不健康。

你还不如去关注你和别人的内在价值，以及内在价值在人群之间的流动和交换。我们的内在价值在创造金钱。金钱是我们内在价值的影子。开发你和别人的内在价值，你的外在金钱和富足便会随之上扬，自动增加，绝无例外。

但要知道一件事：金钱只代表一个人内在价值的一个层面，不是这个人的全部内在价值。这很重要，这跟个人价值没有关系。金钱只代表一个人内在价值中与财富相关的那一面。所以，你不能说一个富人的个人价值和内在价值超过穷人。但如果你说富人在金钱方面的事物及意义层面上的内在价值比较高，或者说富人选择动用比较多的内在价值，那你的说法是正确的。而在你动用后便能化为外在金钱的那一部分内在价值，就称为富裕意识（wealth consciousness）。富裕意识是向每个人公平开放的，谁都可以培养内在本就有的富裕意识。就像空气等维系我们生命的一切重要元素，富裕意识免费向所有人敞开。但你可以选择要不要开发它、运用它。你可以随时改变选择，任何外力都无法阻拦你。

你不需要任何外在的事物来提高你的富裕意识，进而增加你的金钱。你所需的一切现在就存在于你的内心。你或许忘了它，但它就在那里。从现在起，你会重拾记忆。第一步是随时记住钱不是真的，钱是其他事物的影子。

再说另一个秘密：富裕意识只是向本我（Self）的富裕区块拓展意识与觉知（awareness）。所以说，提升富裕意识所需的一切全都在你内心。你本来就是富裕的，只是你接受的教养让你选择不去体验富裕。这个洞察足以逆转局势。就像富人一样，你现在可以学会怎样开始体验富裕版的你，并且选择这样做。

你内在蕴藏的富裕额度大到保证你一辈子都用不完。不必担心你的财富会有上限，或为任何会发生的状况而担忧焦虑。你也不用知道怎样将富裕意识变成钞票，等着瞧吧，你会看到那将自然发生。你唯一需要做的是扩充富裕意识并善加运用，依据这份意识行事，成为富裕意识的化身。接着，可以让你把富裕意识转换成等值现金的情况和机会便会自动出现在你面前。如今富甲天下的人在他们不富裕的时候，绝不可能预测并按照精确的顺序规划那一连串带领他们走向惊世巨富的事件。他们有的大概就是一组目标跟一个计划，但他们中随便任何一个人都会告诉你，他们遇到数不清的"巧合"和机会，以他们打死都想不到的方式"巧妙地串联起来"。他们的目标是自己设定的，但带领他们在如愿以偿之后继续超越目标的路径却出奇巧妙，而且都是事前料想不到的。现在你会知道怎样让同样的事发生在你生命中。你或许不能预测这些事的顺序，但你绝对可以让每一天的生活都出现这些"幸运的巧合"。

对了，不是只有纸币不是真的。许多周遭你认为真实存在的事物根本不是真的。你即将展开一趟赋予你力量并解放你的美丽旅程，这趟旅程会向你揭露世界的真貌，全盘翻转你看待世界的方式。这趟旅程将打开你的眼界，解开你被缚住的翅膀。你即将看见"生命的葫芦里卖什么药"，学到如何随心所欲地打造自己的世界。

你即将取得富裕意识，一旦拥有了以后，你想不成功、不发财都很难。对，你没有看错。一旦有了富裕意识，想不成功、不发财难如登天。你走到哪里，成功和财富都会自动跟着你。不用寻寻觅觅，成功和财富就会自己来找你。你将可以自由体验生命的其他面向，甚至是你做梦都想不到的层面，那些关于本我及生命无比神奇的层面。还有快乐，你也会在本书看到关于快乐的讨论。

如果你还有兴趣，我们现在就开始进入正题。

拥有富裕和快乐的步骤

现在你即将启程，在旅程结束时你会知道如何创造你想拥有的财富和快乐，就在现在，不再有任何限制。你也会很快知道许多关于你是谁、你在人间做什么以及这场生命大戏究竟是怎么回事的不朽真相。以下是你现在要跟随本书一起踏上的旅程阶段：

- 首先你对量子物理学会有概略的认识，了解是什么构成了你和这个世界，这是了解如何让世界依照你心意行事的第一步。之后，你看待世界的眼光将会永远改变。你会深刻体会到自己是宇宙的一分子，认识自己在宇宙中掌握的力量。
- 然后揭开关于时间的秘密，从时间并不存在的事实开始。你会学到怎样利用时间的幻象，不再被它利用，而只有"现在"。

- 之后你会学到如何透过心智画面，运用量子场创造你的宇宙。这是创造世界课程的第一部分。

- 下一步，是学习用想法创造实相。你将学会正确的思考方式、心智的真正用途，以及何时应该为了自己的福祉"关闭心智"。

- 接着是讨论设定目标的真正力量，这可能是你闻所未闻的角度，而且是以一种最有力的角度切入。

- 再来是最强大的创造工具，即你的存在（Being）状态。

- 接着要谈最后一项创造工具"行动"，并披露行动的实际地位和目的。

- 随后，你会学到保持笃定是创造神奇必备的要素，并学会怎样满怀笃定。

- 之后是介绍宇宙的根本法则，以及你如何利用它获得丰盛的快乐和财富，也就是因果律。

- 解释因果律的时候，我们会一并说明你遇到的"情况"究竟怎么来的。这将撼动你，让你发笑，同时给你力量解放自己。

- 在讨论情况的时候，你会认清自己的状况，了解永志难忘的成功是什么，不再失败。

- 接着了解财富和快乐的头号杀手是什么，并学会彻底避开它们。

- 随后的主题会越来越大。首先是你自己选择的人生目的，你为何来到人间？到时你就知道了。

- 之后，要知道施予有什么好处，以及施予会送还给你的礼物，这些我都会毫无保留地告诉你。

- 至此，揭示感恩的力量的时刻到了。感恩对你的影响无与伦比，日后自有见证。

- 最后，就该来谈谈意识，是意识令你觉知到此时此地。

- 随后的主题非常有意思。我们要谈谈你的本我，也就是你世界里一切事物的第一起因（First Cause）。等你跟你的本我混熟以后，你的世界将大为改观。

- 之后，你就会看到什么比本我更庞大，你和一切事物都隶属其下，也就是一（One）。知道自己和"一切万有"（All That Is）、"本源"（Source）之间的关系，体验这层关系将会给你无比的喜悦和丰盛。

- 说到这，你应该看看自己实际上多么丰盛。

- 然后，你将会检视自己真正的本质，并学会如何重拾那份本质。你的本质就是纯粹的喜悦。

- 之后便回到起点，这时你已经认识了钞票的真面目，你会明白怎样处置钞票最好，使富裕升级。

- 在旅程的这一部分结束时，我们会提供给你在读完这本书之后，紧接着可以采取哪些自立自强的步骤。

如何阅读和使用本书

读懂这本书的方法是先从头到尾看一遍。读的时候你可能会有满肚子疑问，甚至在阅读的当下，可能会觉得有些东西莫名其妙。这并不碍事，只管往下看。随后的章节或许会阐明你在前面章节不能理解或觉得违反事实的内容。语言是线性的，富裕意识却是整体的，而且是一个非线性的整体，步骤一可能会连接到步骤七。富裕意识是一种存在状态，语言则是一种象征符号。状态必须被体验，而象征符号不能精准地代表体验。语言只指出方向，是一种引导。因此当你阅读本书的时候，会发现很多你在当下便明白的精彩道理，只有在你读完整本书，了解完整的观点以后，你的理解才能通透，到时你才会开始说："啊哈！"

整本书读完以后，再慢慢重读一遍。读第二遍时，你的理解会更全面，因为这时你已具备完整的观点。你会发现书中的内容包含许多层次的理解。你今天读的内容，会在你明天重读时揭开更深层的隐藏的真相、运用方式及认同。即使你已经读完一遍，每天还是要再读一点本书的内容，把财富和快乐融入内心，让你更快一点变得富裕和快乐。

别用理智阅读，而是去感受本书的教诲。书上有些内容符合逻辑，但很多内容涉及逻辑不能全面掌握的领域。不过，你的本我知道那些事，而且懂得很透彻。阅读本书时请敞开心胸，感受书中的精髓。很多东西是大脑不能理解的，因为大脑有其局限，只能感知到四个维度。只有你的本我知道这些事，因为它的本质是多维且无限的。有时你会觉得自己内心深处懂得这些道理，你的心智或许一头雾水，心底某处却能深刻感悟。尊重那更深的层次，反正你的心智或许一辈子都想不出个所以然。无论如何，你的心智是工具，所有你知道的事物都在你的本我里面。只要你的心智不凌驾你，你就是配备了强大心智工具的本我。可惜，绝大多数人都认同他们的心智，相信他们的心智就是他们，而这就是麻烦跟局限的起点。现在，你该把层次拉高了。

阅读这本书，并将它放在心上。活出书中内容所说的，金钱、富裕、丰盛便会依据屡试不爽的法则，以你觉得不可能的方式和数量涌向你。尽可能随身携带本书。摆在床头，每天早起和就寝前都读个几分钟。看完一遍，再从头来过，每天都看几页。反复阅读本书可潜移默化，使之成为你的第二天性。

对于这本书，你愿意懂多少，就会懂多少。

准备好了吗？还感兴趣吗？我们启程吧。

02

第二章

量子物理：

你跟这个世界是由什么构成的？

你或许会纳闷量子物理跟财富和快乐有什么关系。其实，你最好相信，它们是息息相关的！如果你不知道房子的建筑材料和建造方法，你要怎么盖房子？

量子物理学首先会说明世界上的每件事物是怎么来的。你直接控制你的整个物质世界，只是你未必知道而已。不知道物质是怎么来的以及你在其中扮演的角色，令你觉得人生似乎是不受你控制的。你可能觉得自己被外境欺压，但其实外境是自己造成的，包括你体验到的富裕或匮乏。

量子物理学将会启动你即将经历的神奇觉醒，让你踏出第一步。你不但会明白你周遭一切事物的建构方式，还会确切了解你的信念和想法怎样创造事物，种瓜得瓜，以及为什么"早在你们祈求之前，便已成全你们了"[1]。科学终于跟上了灵性知识和常识，而且说得出背后的道理！想想看吧，当人家说"只要肯相信，凡事都可能实现"[2]，假如你知道自己的信念如何使宇宙开始制作你相信的事物，而且每个步骤都有科学解释，难道你不会更容易相信这种说法吗？

了解量子物理学的基本道理（也只需要懂最根本的部分）的好处，是你总算可以看清楚信念（faith）、正向思考之类的强大概念如何运作。

---

1. 《路加福音》第十一章第十节："凡祈求的，就得着。"《马太福音》第六章第八节："你们没有祈求以先，你们所需用的，你们的父早已知道了。"两句合并，就是早在祈求之前，一切便已得到成全。

2. 《马可福音》第九章第二十三节："你若能信，在信的人，凡事都能。"

这份心领神会和理解，这份了然于心，让你可以拥有全然的信心，排除疑虑，怀抱着清明的自觉，有力且漂亮地创造自己的实相，同时在许多方面，力量都更强大。

量子物理也让你知道我们都是相连的，我们全是一体的（One Being），我们只是一直活在每个人都是独立个体的幻象里。量子物理也让你一窥精神和物质如何相连、心智和物质如何互动，我们真的在创造世界，而且是跟神携手创造。看完本章及随后四章，你会惊讶自己的力量原来这么大，宇宙这么神奇，而且创造任何你选择的结果是这么容易。

但首先，什么是量子物理？量子物理学研究宇宙的基本建材。例如，你的身体由细胞组成。细胞由分子组成，分子由原子组成，原子则由电子等次原子粒子组成，这是量子物理的世界，每件事物都由"大群"次原子粒子组成。你的身体、一棵树、想法、一辆车、一颗行星、光及其余的一切都是"集中"的能量。万物大致上就是大量相同类型的次原子粒子集结而成的。差只差在这些粒子以不同的组合方式构成越来越大的基础建材。了解其运作方式，是了解你如何重新创造自己及周遭世界的关键。

正确说来，次原子粒子跟一粒沙子是一颗粒子的状况其实不一样。原子和较大的粒子是物体或东西，但次原子粒子不是那样的物体，而是"各种可能的存在形式"，同时是"多重存在"的。次原子粒子同时具备波和粒子的特性。看完本章，你会明白这些话的意思。

量子物理学研究的问题是：这些次原子粒子是什么？有什么行为？次原子粒子是有时被称为量子的能量封包。宇宙万物都是由能量构成的，而这些能量封包的行为神奇得不得了！它们会遵从我们的命令！例如，它们将自己排列成豪华船只，是因为我们的个人和集体思维。现在你开始看出富裕跟量子物理的关联了吗？截至目前，你设计自己世界的方式可能一向都很乱无章法、出于下意识，现在你将会觉醒，慎重且方向明确地去设计自己的世界。

认识量子物理学

你的身体是由什么构成的？组织和器官。组织和器官是由什么构成的？细胞。细胞是由什么构成的？次原子粒子。次原子粒子是由什么构成的？能量吗？不是。次原子粒子不是由能量构成的，其本身就是能量。你是一大"团"能量，其他事物也是。灵和心智将这股能量聚合成你看惯了的实质形体。

——我是富裕。我是丰盛。我是喜乐。——

量子物理学告诉我们，观察物体的行为令物体以我们观察它的方式出现。次原子粒子就是构成原子并进而构成物质的能量。这股能量以波的形态横跨时空。只有在你观察时，这些波才会在时空事件中变成固定的粒子，即在特定"时间"和"空间"存在的粒子。一旦停止观察，这些粒子又恢复成波。因此在你看的时候，你的观察（你对某件事物的注意力和你的意图）实际上就在时空事件里创造了那件事物。这是科学。在其他章节，我们会看到怎样聚焦、专注，守护你的注意力、意图和思想，以便精确地创造出你要的实相。

——我是富裕。我是丰盛。我是喜乐。——

坚实的物体都不是坚实的，而是由快速闪动的能量封包构成。数十亿、数兆的能量封包在"物体"所在的位置闪现并闪灭。它们不是一直都在那里。现在我们知道物体其实是快速闪动的能量场，那为什么人体或汽车看起来像持续存在的坚实物体？你想一想动画的画面。看电影时，你看到一个人以流畅的动作走过银幕，但实际上那只是每秒钟以二十四格画面的速度闪过你眼前的一连串影像，每个画面都略有不同，你的眼睛察觉不到每格画面之间的空隙。每一格画面都由数十亿的光子以光速闪动构成。这就是你的世界，造成"实体"和"持续"幻觉的迅速闪动。一旦你明白自己世界的真实样貌，你便开始了解世界的真实行为和本质。接着，你便能改变对世界的观点。观点一变，你就能扭转你的创造。这是富裕的第一步。

——我是富裕。我是丰盛。我是喜乐。——

每位物理学家都同意一件事：次原子粒子，即那些能量封包或者说量子，并不是在特定时空的粒子。例如一张桌子或椅子，可以具备存在于各个时空点的可能性。我们观察粒子的举动，令粒子在特定的时空变成粒子的"实体"，一旦我们停止观察，粒子又变成可能性。想象你家客厅的椅子是一个庞大的次原子粒子，那它的行为是：

你不在家而且没有想着这张椅子时，它会"消失"，变成可以在你家客厅或宇宙任何位置"重新出现"的可能性。

当你回到家里，想坐在客厅里某个特定位置的椅子上时，你朝那个定点找椅子，椅子便会神奇地出现！

这不是幻想的神奇故事，次原子粒子的行为就是这样！

惊人的是，所有物质都是由大量的次原子粒子构成的。因此，所有的物质行为模式就跟一大群次原子粒子如出一辙。一张椅子"在那里"是因为我们都看过它在那里，判定它在那里。它并非彻底独立存在。任何物质都不能在没有观察者的情况下独立存在。正如同有些科学家的说法，如果宇宙里的每个人都停止看月亮，也没有想到月亮，就不会有实体的月亮存在，而月亮将是存在的可能性。观察的行为令可能性变成确切的实体，而月亮出现在同一世界其他地方的可能性则变成零。持续注意月亮令月亮持续存在，于是就形成了实体的月亮一直都在那里的幻象。

——我是富裕。我是丰盛。我是喜乐。——

物理学家也发现，量子"粒子"会做决定。它们受到智能驱动。不仅如此，它们还能在瞬间知道宇宙任何一个粒子做的决定！这种跨时空的同步性是在瞬间发生的，也就是说，粒子不用花任何时间或横跨任何空间就能"沟通"。事实上，它们也能瞬间移动，不需横跨空间也不用花时间。它们不用穿越两个点之间的空间，就能从一个点到达另一个点，而且两个点可以处于不同的时间。要记住，量子"粒子"跟我们一般人想象中的粒子不一样。它们不是处于特定"地点"和"时间"的"东西"，它们横跨空间和时间。

那么，驱动它们的智能是什么？其实，这股智能来自本源、神，即一切万有，而它的一部分构成了你自己的"个别"心智及宇宙里其余的"个别"心智，视目标、尺度、意志力而定。

请仔细思考这些内容，想想以下的事实：你触目所及的任何事物都是由这些神奇的粒子构成的，而这些粒子由你控制。想想以下的科学事实：如今的科学界已证明你是自己周遭一切事物的起因，或者说是共同起因，你观察到的一切事物若是没了你的观察，便不能存在。你唯一需要做的是选择你想要观察到的事物，你的选择必须笃定且一致，如此便能使能量场显化你的选择，显化的"时间"则要看你的明确性、专注力和笃定程度而定。科学家发现，即使在做最严密的双盲实验[1]，他们对结果的期待仍会影响结果，不论做任何实验，观察者对实验结果的期待都会影响结果，这

---

1. 指实验分为实验组和对照组，研究员和受试者都不知道谁属于实验组，谁属于对照组，以避免研究员和受试者对实验结果的预期心理，影响实验结果。

种影响力是无法杜绝的。

——我是富裕。我是丰盛。我是喜乐。——

量子封包或者说粒子的最佳定义是存在的可能性。比方说，假设有一个名字叫X先生的量子封包。在你请X先生跟你说话之前，他不会以人的形式存在。他的存在形式是一个潜在的人。X先生会同时遍及世界各地，具备在莫斯科、纽约、喀布尔、东京、悉尼、开普敦或世界任何城市变成一个人的不同潜在可能性。现在你叫了他的名字，他就出现在你叫唤他的地方，这时，他以人的形态出现在其余城市的可能性就变成零。等你跟他说完话，他又会消失。他不再是一个局限在一地的人，而是像波一样散开，又一次具备可在世界任何地点出现的可能性。这便是名叫X先生的量子封包的行为模式。记住，宇宙的一切都是由量子封包构成的。

——我是富裕。我是丰盛。我是喜乐。——

量子的另一个特征是多维。因此在X先生的例子中，当他是可能性时，他是多维的。当他定域化时，也就是在我们叫唤他的时候，他变成我们四维世界里的一项事物（我们所认识的世界其实是四维的，也就是长、宽、高、时间四个维度）。这是科学。现在你可以从科学的角度看到我们的宇宙是多维的，只不过我们的感官感觉得到的维度只有长、宽、高、时间。尽管如此，我们的灵魂也是多维的。试着聆听你的灵魂、你的感受。

——我是富裕。我是丰盛。我是喜乐。——

实体世界确实是以想法和能量构成的。

——我是富裕。我是丰盛。我是喜乐。——

假如哪天你觉得很无力，想想这点：爱因斯坦和其他量子科学家已经证明一切实体事物，都是由不受时空束缚的能量封包构成的。这个能量场没有明确的疆界。宇宙说穿了就是你超越时间、不受局限的身体延伸而成的。科学也证实了心智没有疆界。一切心智都"连接"到至一心智（One Mind）。你比自己想得更宏大、更有力。因此，别再为了小事冒冷汗啦。

——我是富裕。我是丰盛。我是喜乐。——

你已经拥有一切。人家说，不等你祈求，一切便给你了。科学界透过量子物理学，正开始证明这种说法符合科学。量子层次是构成我们周遭万物的层次，我们天生就有能力影响这个量子场，而在量子层次的无限智能和潜能，能让我们"拥有一切"。我们刚开始从较大的层面明白这件事——从科学层面和灵性层面。

你的富裕程度已经是你做梦都想不到的了。你拥有富裕。你不见得正在体验富裕，但你拥有富裕。拥有和体验是两回事。我们用一个简单的解释方式来说明好了，你具备驾驶飞机、冲浪、水肺潜水的能力，但你未必正在体验你能力中的这一面。你什么都不必做就拥有这项能力，这项能力就在你体内。一切都替你准备好了，你只需要体验它。

在生活中，我们其实只是转换意识去体验始终都在我们内在的不同层面，这个宇宙拥有我们想要的一切，即使是我们想象不到的东西，也包括在内。量子场可以构成无限多的形体和体验。其实，量子场已经这样做了。本书的书页只是其中一种，你的下一个念头也只是其中之一。可是，你绝对猜不到会在这些书页里体验到什么。但你想要阅读这些字句的欲望，会让字句出现在你双手之间。一点没错，这些字句一向都存在。你不需要预测情况会如何发展，你唯一要做的就是怀抱欲望、意图并知道凡事都有可能。一切便会安排妥当，降临在你身上。

——我是富裕。我是丰盛。我是喜乐。——

许多钻研次原子粒子的物理学家逐渐发现，宇宙有几个有趣的特质。例如，他们发现以空间和时间隔开的两个粒子，彼此间有"隐形的连接"，可同步行动。他们也发现我们居住的世界的建构方式，是被设计成可让世界了解自己的形式。而办到这一点的方式，则是把整个一体"切割"成至少两个状态：一个设计成可以看，另一个设计成被看见。设计成可以观看的那一个处于幻觉中，以为自己跟设计成被看见的那一个是各自独立的。这是必要的幻觉，一个持久的幻觉。然而，万物其实是一体的。

——我是富裕。我是丰盛。我是喜乐。——

参与并观察宇宙的人透过参与或观察，让整个宇宙存在。你和所有关注富裕的人让富裕得以存在。你对富裕的笃定、你对得到富裕的信心、你对富裕的关注，创造了富裕。事实上，富裕已经以或然率的波的形式存在，但现在你可以让这个波变成实物，成为一个时空事件。真相比这更深刻。其实致富已经是一个存在的事件了，只是你对时间的认知令致富看似"遥远"而且与你"分隔两地"。一旦你明白时间的本质和运作方式，你就能更快体验到更多你想要的事物。

——我是富裕。我是丰盛。我是喜乐。——

现在，稍微提高复杂度。我们说过次原子粒子是以或然率的形式存在，当我们观察这些粒子，就使粒子在特定的空间点和时间点定域化。也就是说，一个粒子有出现在甲、乙、丙、丁不同地点的潜力。我们在丙地观察它，它就出现在丙地，在甲、乙、丁地出现的可能性就消失，至少直到我们停止在丙地观察它为止。好，有一个新的思想派别在研究埃弗里特－惠勒－格雷厄姆（Everett-Wheeler-Graham）理论，这个理论主张这个粒子其实会在这四个地点一起定域化，只不过是在其他跟我们的世界同时存在的世界里！也就是说，所有的可能性其实都会显化为实质的事物，不过是在不同的平行世界中！有些物理学家研究宇宙是庞大的多维全像图的迹象，他们找到了支持这个理论的证据。这怎么运作呢？当一个粒子有在甲、乙、丙、丁四地出现的或然率，它不会选择只待在一个地方；它会选择置身在四地。为了办到这一点，宇宙"分裂"成四个平行的世界，每一个都不知道另外三个的存在。这被诠释为量子机制的"多重世界"。

这听起来很疯狂，但想想看吧，这绝对有可能，对于本源或对于神来说，没有不可能的事。许多宗教告诉我们，不等我们要求，一切便都给我们了。他们说一切可能存在的事物，现在就存在。我们现在也知道宇宙会自我分裂，或者说是创造分裂的假象，好让一"部分"可以担任被观察的那部分，而另一"部分"则担任观察者，如此，宇宙才能认识自己。一（One）分裂自己，以便认识自己，并且有了可作为比较的对象，因为只有一体的时候将无从做比较，也就不能认识自己。

你的本我、灵或者说灵魂，是永生不灭的，横跨时空而存在。现在，你做的下一个决定将分裂宇宙。你会觉知到自己选择的那一部分宇宙。你也会存在于你没有选择的那一部分宇宙，你不会在那里"醒来"，不过你仍会接收到它传来的重要讯息，以协助你认识自己的选择，反之亦然。选择了另一个世界的其他人就会在那边"醒来"，不会在你的世界里。现在你就明白自由意志是怎样不自相矛盾地运作，明白尽管真相看似矛盾，却全都可以是真的。

宇宙也"分裂"为你目前的自我、你过去的全部自我、你未来的全部自我，但你一次只会在一个自我之中醒来（目前的自我）。因此，比方

●

说，你未来的自我们可以警告你现在"醒着"的自我他们有哪些不愉快的经历，以免你踏上他们的后尘。宇宙是极其庞大且不断变动的母体，极为错综复杂。每个决定都改变整个母体。生命的样貌就是所有可能的存在形式都同时并现在存在的永恒过程，而你在一个接着一个的瞬间中只选择你要觉知的那一个可能性。物理学家现在才刚开始证明这一点。顺带一提，梦境只是另一种意识状态。做梦时，你的意识在另一个疆域、世界、时间里。现在你开始明白自己的梦可能是从哪里来的了吗？

等你知道时间是什么、时间怎么运作，你会更能了解这一部分的内容。

——我是富裕。我是丰盛。我是喜乐。——

我们现在知道整个宇宙一开始是一个类似次原子粒子的小小存在，之后便以超乎想象的速度扩张，生成了一个个的海洋、一个个的山峰，全都多亏了量子物理学。然而，真相比这更为神奇。宇宙持续生出新的宇宙，如今，许多物理学家看到这一类"多重世界"行为的证据，量子物理学对此有好几种诠释。大部分物理学家认为这种现象持续不断地发生，但却是混乱、随机、偶发的，主要是因为他们找不出这种现象背后有什么道理。但请你扪心自问：灵扮演什么角色？你、你的本我、你的灵魂扮演什么角色？你做的选择会是各个被观察到的"混乱"世界背后的原因吗？物理学家喜欢将灵排除在研究之外，却是灵使物质生成，而不是反过来。想想吧，爱因斯坦是少数不肯相信一切都是随机或偶然发生的物理学家之一。他说他不愿意相信"上帝玩骰子"。

——我是富裕。我是丰盛。我是喜乐。——

知道这一点：量子世界是真实世界。你肉眼看到的世界只是你对一群量子活动的不完美认知。然而，量子活动是你引发的——你是第一起因。千万别把你肉眼所见的一切视为第一起因——那只是结果。对于这一点的精彩解释就是著名的"薛定谔的猫实验"（这是埃尔温·薛定谔提出的实验，他是1933年诺贝尔奖得主）。这个实验描述了当你将一只猫跟一个封住的毒气瓶一起放进箱子之后会发生的情况，这个箱子里有一个会打开毒气瓶以致让猫被毒死的装置。把这些东西都放好后便关上箱子，这样你看不到里面。对了，瓶中的气体只有在箱中一个特定的放射性原子衰变时才会变成毒气。根据量子物理学，这个放射性原子在测量之前（直到你打开箱子看猫死了没有），同时处于"衰变"和"未衰变"状态。记住，一切事物在你观察之前，其所有可能的状态都会同时存在。不打开箱子，你不会知道猫的生死。在箱子没打开前，猫同时处于死亡跟活着的状态。这正是量子物理学的疯狂之处，即两种相反的样态竟然同时存在！当你开箱查看那个放射性原子是否衰变，并同时确认猫的死活，这两个结果中的其中一种就会实现。但现在的物理学家知道自己的期待和想法会影响结果，而"多重世界"的诠释则告诉我们两者其实都发生了，只不过是发生在因为你的选择而创造出来的两个不同世界中。

——我是富裕。我是丰盛。我是喜乐。——

我们现在知道宇宙的每件事物都具备波粒二象性（wave-particle duality）。意思就是一切事物，包括你的身体和你的车，同时是波也是粒子。你跟光是一样的，唯一的差别是光的波长跟你不同。除了波长，你基本上跟光差不多。记住，现在可是物理学在告诉我们这些事。几千年前，就有许多灵性导师告诉我们相同的事：我们源自光。你是光。事实上，用显微镜检视你的身体，超过99％都是"空间"。至于其余的实体部分，则只是一堆跟光一模一样的东西，也就是相同的次原子粒子。事实上，连"空间"都充满能量。

●

从你的灵而来的心智，让你的身体"聚合"成一个"固体"的整体。你的心智也以相同的方式维系你周遭的一切事物。凝聚所有物质的信息都来自你、你周遭的人和宇宙其他人的心智。

——我是富裕。我是丰盛。我是喜乐。——

爱因斯坦的$E=mc^2$方程式阐明任何物质内含的能量，等于这项物质的质量乘以光速的平方。（这可是很大的数字！）这告诉你两件事：

- 即使是小得可怜的物质也蕴含惊人的能量（所以才有核爆这种事）。
- 你跟其余一切事物只是按照心智的信息聚合在一起的能量。

——我是富裕。我是丰盛。我是喜乐。——

次原子的世界绝不是静态的，而是一个不断生生灭灭的神奇的舞蹈，粒子会毁灭自己，并且就在毁灭中诞生出新的事物。次原子粒子的生命多半短到超乎想象（几十亿分之一秒）。整个宇宙随时都在重新创造。你可以想象宇宙整个被一笔勾销再复原，每次都跟先前的宇宙有一点点差异，而且这每隔几十亿分之一秒左右就发生一次。好，再来说另一件惊人的事：一个粒子一旦诞生，便能在瞬间以光速移动！因此，我们的确跟许多创世故事中说的一样，我们来自光。还有一件事：粒子可以在时间中前后移动。这就是构成你并且由你控制的东西！

——我是富裕。我是丰盛。我是喜乐。——

没有空洞的空间这回事。所有的"空间"都充满能量，是跟构成你及万物一样的能量。只是你的五种感官（视觉、听觉、触觉、味觉、嗅觉）

辨识不出存在于宇宙里的许多不同形态。也就是说，你只能感知到五种感官认得出的东西（除非你开发了其他感官）。但这不表示人类感官可以感知的事物形态，就是存在于宇宙中的所有事物。把宇宙想成一幅全像图。总之，重点在于知道自己是浩瀚的能量之海的一部分，而且真的没有任何事物将你和万物分隔开来。你看到的唯一"分离"是你受到局限的五感造成的假象。我们确实都是一体的。

我们是一个庞大的有机体，每一部分都随时改变。每一部分都能观看其他部分，而每一部分意识和觉知程度则高低不等。但整体的行为确实是整体的，每一部分的行为则是整体的一部分，具备个别和整体的特质。

——我是富裕。我是丰盛。我是喜乐。——

1964年，欧洲核子研究组织（European Organization for Nuclear Research, CERN）的物理学家贝尔博士（J. S. Bell）提出宇宙所有"分离"的部分都以极为密切的方式相连的数学证明。现在许多实验显示被空间和时间隔开的粒子，不知何故可以确切知道其他粒子在那个当下的确切行动。也就是说，粒子不沟通。沟通必须花时间，而且要有讯息内容。粒子不是那样。它们不用沟通就知道。它们同时行动，仿佛它们在空间和时间的分隔下仍拥有莫名的紧密连接，横亘在它们之间的空间和时间的分隔影响不了它们。

——我是富裕。我是丰盛。我是喜乐。——

贝尔的数学理论显示次原子粒子的行动，取决于在别处的另一个次原子粒子所发生的事。也就是说，所有的次原子事件都是受到其他次原子粒子的影响，并在随后引发其他的次原子事件。这下子，因果律、业力、种什么因得什么果都有了全新的意义！因果律、业力不只是灵性观点，更符合科学。

——我是富裕。我是丰盛。我是喜乐。——

我们一直说全宇宙的想法，个人的也好，集体的也罢，都使能量"形成"我们体验到的物质实相。确实如此，但还有一个更强大的起因——存在（Being），存在的状态。有许多存在的状态，诸如快乐、灵敏、富裕等。这是最强大的起因，是一切的第一起因，因为，这是灵、本我的宣言。随着存在状态而来的，是符合那种状态的想法。

——我是富裕。我是丰盛。我是喜乐。——

在此，从另一个角度了解我们如何是一体的。科学界告诉我们万物都由能量构成，而且能量随时都以错综复杂的方式交换。能量是建构万物的基本材料。构成你血肉的能量跟构成你家房子的砖块、屋外树木的能量是相同的。没有"树的能量"跟"人的能量"的分别，全是相同的能量。能量时时刻刻都在流动，随时改变形态。虽然这很复杂，但简单解释就是这样。

在量子层次，万物看来像一大池的能量"汤"，是一片不停流动的能量之海，在各个点上的浓度和特质不一。你可以想成在一片海洋里有一个热点、一个水流湍急的点，诸如此类。（这片海洋代表能量"汤"，那些点代表各种物质实体，例如你的身体或一棵树。）这个热点跟海洋的其余部分交换水分子。湍急的点也跟海洋的其余部分交换水分子。但热点仍然维持温热的特质，水流湍急的点也仍然水流湍急。海水在分子层次交换、流动；但在较高的层次上，尽管在片刻前构成这些点的分子现在不在了，由来自其他区域的分子递补，这些点持续温热或水流湍急。在一个热点的分子会变，但那个点的本质或特征则维持温热。一个区域的特征可以保持原样，但构成那个区域的粒子却总是不同，其他区域的粒子不断在那个区域进出。这便是我们在量子层次的样貌，像一大片拥有各自特质的大区块互相连接的能量场。我们跟万物共享相同的能量，但我们保有独一无二的特质。这是非常复杂的母体，是一张复杂的网。

现在来看比海洋复杂一点的例子。想象现在有两个人在一个房间里，他们都感到阴郁悲伤，且两人的能量低落。一个人说了笑话，另一个笑了。说笑话的人令发笑的人提升能量，神采飞扬。愉悦的新氛围令这个说笑话的人也笑了，他们共享这个笑话。第一个人引发第二个人的变化，这个变化又回头改变第一个人。好，你有没有注意过当你跟一大群人说笑话，逗得大家哈哈笑时，你是不是觉得畅快无比？而跟一个人说笑话时，感觉是不是也很开心？而听过你笑话的人，又将笑话说给其他朋友听，然后笑话又传给朋友的朋友，广为流传。当然，宇宙比这复杂多了。在庞大的能量场的某处所发生的改变如同涟漪扩散，改变邻近的部分，这些部分再影响其邻近的部分，于是涟漪不断传递！你能想象吗，你的微笑改变整个宇宙的构成！这是科学事实！你的愤怒也是。

你的一举一动、每个想法，都会像涟漪一样永久传递下去，不论那带来的改变有多微小，你都改变整个宇宙的构成。

现在，还有一件更妙的事。因为你是宇宙的一部分，那个涟漪会传回你身上，给你一份类似的特质。你让周遭的能量场引发改变，这个改变便涟漪扩散，碰触到万物。当然，万物在反应时也会引发涟漪，回传给你，一切都会倍增！这就类似你把手指伸进一杯静止不动的水中，引发的涟漪将呈圆圈扩散。这些波动会恒久传递下去，也会撞上其他的能量区块，使这些区块发生改变，接着或可说是引发反应，并且会发送出自己的波动。这些回传的波动会回到你身上并改变你，然后你做出反应，这场神奇之舞便持续下去。这就是因果律在科学上的运作方式——倍增。这发生在能量层次上，也发生在灵性层次上。在这两个层次上，整个系统里出现一个自我改进的个体，就会使整个系统都改进，整个系统的改进则又使个体改进，反之亦然。

——**我是富裕。我是丰盛。我是喜乐。**——

在其余情况不变的情况下，一个人或社会越了解自己及其宇宙的构成成分，学会怎样控制这种创造过程，越能富裕和快乐。

以上就简单说明了构成我们每个人的成分。哪里没看懂也别担心，继续读，再看看其他的相关论述，你就会懂了。

不必精通量子物理学也能富裕，这一章的知识就够你用了。本章的重点只是让你了解自己和世界的实际样貌，让你明白自己可以直接掌控世界。本书的其余部分会指导你怎样行使你的控制能力，并解读世界给你的反馈。但如果你想多认识量子物理学，请上网站aHappyPocket.com观看相关影片、文章和推荐书单。

量子物理学让我们知道世界不像表面上那么牢不可破、无法改变。其实世界是非常有弹性的地方，持续依据我们个人和集体的想法，以及我们身为一个人、一个家庭、一个社会、一个国家、一个行星、一个星系或一个宇宙的存在状态，而不断建构。我们已经开始揭穿幻象。我们现在知道构成我们四维体验的东西是什么，我们也开始看到我们如何制作那些东西。下一步，就是认识我们世界的另一部分，也就是时间这个第四维度的真面貌。该是了解时间的时候了。

03

第三章

时间的真相：

时间不存在

时间是个有意思的东西。非常有意思。时间跟我们要的最大花招就是令我们以为时间真的存在，并且完全宰制我们。但时间是不折不扣的幻象，一个顽强且经久不退的幻象。

这真是天大的好消息！时间是你创造的幻象。一旦你明白自己是怎么创造时间的幻象的，就可以开始随心所欲地改写时间。这一回是有自觉且慎重地进行，不再是无意识和无心的。

时间是什么？我跟时间有什么关系？我应该怎样看待时间、怎么处置时间，才能更快体验到更大量的财富和其他事物？这一章会开始回答这些问题。到了本书的其他章节，你会觉得本章的概念更加真实。

唯一真正存在的时间是当下（Now）。

过去、现在、未来的分别不论怎么顽强存在，都只是一个幻觉。

——爱因斯坦

——我是富裕。我是丰盛。我是喜乐。——

延促由于一念，宽窄系之寸心。故机闲者，一日遥于千古，意宽者，斗室广于两间。

——洪自诚[1]

---

1. 明朝作家，精通释、道、儒，著有《菜根谭》，此书被喻为"三大处世奇书"之一。

——我是富裕。我是丰盛。我是喜乐。——

时间向所有方向移动，而不是像表面上看到的那样只向前移动。过去、现在、未来同时存在。

——我是富裕。我是丰盛。我是喜乐。——

在此简单解释时间是什么。这是极度简化的说明，但现阶段知道这些就够了。想象有十件物体散放在一座美式足球场或足球场的外围。现在，想象物体一代表一个小孩出生，物体二代表一个十岁的小孩。如果物体一要移动到（变成或蜕变成）物体二，将会用掉你现在说的"十年时间"——也就是说，十年的人类生命计一个小孩长大。现在，状况变复杂一点。如果球场缩小了呢？物体一将会抵达（变成）物体二并经历十年的童年体验，但时间的感觉会十分不一样。如果球场缩得够小，十年可能感觉只有一眨眼工夫。你常有这种体验。在你快乐的时候，时间仿佛是飞逝的。你不会注意到时间流逝，可是你的手表显示已经过了那么久，因为手表是设计成以相同的"时间"长度，从表面的一个秒针刻度移向下一个刻度。但这不是你的天性。时间就是你的意识在时空连续统（space-time continuum）里已存在的事件之间移动。你很快便会明白这是什么意思。

我们居住的生命场域不是静态的，这个场域的维度不断改变，所以全世界的人需要不时调整手表，好弄清楚这个名为时间的疯狂玩意儿。但这只是因为我们认为时间是一个整体中固定不变的小片段，其实不然。时间只是我们对意识在生命场域中从一个已存在的事件移向下一个时的错误诠释，你很快就会明白这个意思。生命的场域不是静态的，我们的意识的移动速度也不是固定的。这个场域改变的速度或许没那么快，除非我们刻意改变，否则我们的意识可能也没那么快就改变速度，也因此，我们通常不太会注意到其间的差异并省悟到时间不是固定的。

你可能听过爱因斯坦的相对论，假如你搭乘宇宙飞船高速飞行，你可以减缓时间流逝，甚至回到过去。时间主要是经历事件的感觉，你经历事件的速度则决定了时间的尺度。改变的不是所需的时间，而是时间的尺度（一分钟不再用掉一分钟）。

好，回到足球场的例子。想象你是其中一件物体。当你绕着球场走，经过你看见的其他物体，你会感觉到时间流逝，对吧？现在，想象你一出生速度就比较快，就当是三倍速吧。时间感觉上会较短。现在，想象你就是球场！甚至干脆想象自己是大到可以盖住整个球场的物体。这就对了！对你来说，时间将不存在，因为你就是球场，你可以同时感受到、触摸到球场上的全部物体，与这些物体同在。你不必从一件物体移向另一件物体，每件物体都在此地、此刻发生，每一件都是。这十件物体都在同一"时间"为你发生，始终如此。这一刻永远都是此刻、此地。在这个宇宙里所有可能发生的一切，在过去、现在、未来所有可能创造的一切，都在一座巨大的球场上同一"时间"发生。你的意识与觉知在任何一个"时间"只会接收到这座球场里的一个小片段。当你从一个点移向另一个点，经过那些物体（或者说事件）时，你体验到的"时间"就是对过去、现在、未来的感觉。球场本身没有体验到时间，它只体验到一直同时发生的外在历程。就在此刻，就在此地，始终如此，一直如此。你可以把整个球场想成是本源。

当你拓展你的意识和觉知，你能接收到的球场部分就变大，时间于是缩短。你明白了吗？好，神奇的是心智跟本我（或称灵魂，或灵，随便你用哪个词）比你的肉身庞大很多。我们常把灵魂或者说本我，想成是一个住在我们身体里的小东西，那只是人类的想法，套用把东西装在容器内的概念。你有没有想过灵魂远比肉身更强大，实际上是灵魂让肉身得以凝聚并包围着肉身呢？而凝聚并包围大脑和神经系统的则是心智。如果你想过灵魂和心智比身体和大脑大，那你想过它们的尽头在哪里吗？离你

的身体几十厘米？还是延展到几千米外？还是要远到几光年的地方才会
是灵魂的尽头？若说你的灵魂和心智比你的身体大十亿倍，也不是不可
能。有何不可呢？它们是无限的，是永恒的。但这个巨大无比的强大本
我就是你。

总之，让我们回头谈富裕。如果你想"快速"体验到巨额财富，透彻
了解时间（时间如何运作、如何控制时间），了解你的本我，本我的组成
架构，本我与一切物质及非物质事物的关系，对你就会很重要。一切关乎
拓展意识、合适的状态、合适的想法、正确的选择，这些都可以唤醒你的
意识，开始接收一圈一圈不断向外扩展的整体本我中的财富部分。

——我是富裕。我是丰盛。我是喜乐。——

当下是唯一存在的一刻，只有永恒的当下这一刻。你可以回忆过去、
梦想未来，但你只能在（be）、存在、在此地、在当下。向自己许下绝不
反悔的誓约，发誓你要让当下成为生命中最棒的一刻！

——我是富裕。我是丰盛。我是喜乐。——

不要驻留在过去，也不要活在未来。你唯一的一刻是当下。安住在
当下。

——我是富裕。我是丰盛。我是喜乐。——

你很快就会明白，外在世界是你内在世界的一面镜子。本书会告诉你
原因。

你是不是觉得时间好像不够做你想做的事？在外在世界时间不足的
人，在内心也缺少时间。他们的行动、思想、言谈都来自时间不够用的信

念。别再一直想、一直说你的时间不够了。一秒都不要相信这种念头。宇宙中什么东西都不匮乏，包括时间，你也是一样。你的局限或匮乏，都是你为自己打造的。当你认定自己有所匮乏，意识便会缩小并且变迟钝，好让你体验自己相信的信念。

——我是富裕。我是丰盛。我是喜乐。——

没有比当下这一刻更棒的礼物。这一刻是依据你指定的设计完美打造而成的。你透过稍早之前的内心最真实的想法、存在状态、言谈、行为来指定你要怎么设计这一刻。当下（present）是你送来给自己的东西，是不折不扣的预送（pre-sent）时刻。它让你可以体验、品味、回顾、改变你以前的想法、存在状态、言谈和行动。要对当下感恩，因为你知道自己可以改变它。它允许你体验自己的本我，因为它唯一存在的目的就是为你效劳。诅咒、谴责、批判当下这一刻，只会令你更久地停留在现状的时间里，你抗拒、批判、谴责的事物都会持续下去。当你敞开胸怀接受、摊在台面上不予批判、老老实实、检讨个透彻的事物，则会披露你正在寻找的教诲。这将是让你升级到你寻求的下一阶段的关键。

——我是富裕。我是丰盛。我是喜乐。——

时间只不过是我们在永恒中旅行时，由我们一连串不同的意识状态造成的幻觉，幻觉是意识造成的，没有意识就不会有幻觉存在；而处于"休眠"状态。

——布拉瓦茨基[1]

---

1. 布拉瓦茨基（H. P. Blavatsky 1831-1891），生于乌克兰，神秘学学者，1875年在纽约创立神智学会（Theosophical Society），研究神智学、神秘主义和精神力量。

●

——**我是富裕。我是丰盛。我是喜乐。**——

未来对现在的影响力跟过去一样大。

——尼采

——**我是富裕。我是丰盛。我是喜乐。**——

第一次做一件事的时候总是一趟发现之旅。你会注意细节，学到许多新事物。这时，没有标签跟记忆让你对新的体验怀抱成见，学习效果最好。一件事做上一百遍，你的体验往往就大不相同了。一件事做多了以后，做的时候经常会变成无意识的动作。多数人遇到生活里已经做多了或看多了的事物时，会进入无意识、不知不觉的状态。因为他们以前就看过或做过，于是转而仰赖自己在第一次见识到这个事物时在心里建立的记忆和标签。学习和探索完全停摆，只仰赖以前的经验。但依据你昨日的记忆过今天的生活能捞到什么好处？你会完全错过当下这一刻的礼物！你在公司工作时，会在崭新的每一天都以全新的眼光看待你的工作、工作伙伴、客户吗？还是凭着你对他们以前模样的"认识"过活？

万物都会改变，使用记忆会让你看不见这种改变，看不到事物的真貌。尽可能"忘记"你对眼前事物的所有认知，你将会发现全新的世界，你的成长速度会大跃进，你的财富的增长也会快很多。

想想看吧，有多少次，一个陌生人称赞了你的同事或配偶，而你不是用全新的眼光看待他们，所以从来没注意到人家夸奖他们的地方？记忆很重要，但很多人会滥用记忆，而且常常是以无益的方式滥用。

现在就决定你要以全新的眼光看待每一项体验，选择忘记你以前的经历。决定不要因为你的记忆和情绪，就认定会看到某种事态或行为。当你保持超然但对自己的选择和意图保持笃定，你会发现一个之前一直对你隐而未现的世界，这个世界就在你眼前，一直都在。

——我是富裕。我是丰盛。我是喜乐。——

随时都要选择快乐，活在当下这一刻，充满喜乐。感谢当下这一刻带给你的一切愉快的体验，感谢它让你看见自己以前的样貌，成长为更开阔的自己。

——我是富裕。我是丰盛。我是喜乐。——

将觉知、意识、思想带到当下这一刻，开始"看"。生命以及所有能让你向前迈进的机会都在当下、永久在此时此地的这一刻。

——我是富裕。我是丰盛。我是喜乐。——

别一天到晚把自己"扔到"你希望自己能到达的前方。想象未来是很好，因为未来仰赖想象来创造。但当下非常宝贵。只有在当下采取行动、好好活着，你才能抵达未来。不要整天做着关于未来的白日梦，把"要是"挂在嘴上，在心智上逃离当下，寄情在想象里的明天，整天都处于做梦一般的状态，对生活细节心不在焉，只用上了一半的觉知和意识。这种行为实际上会让你美好的明日延后降临。如果你想要进步，就有必要设定未来的目标；同理，你有必要拥抱当下、体验当下，并且有意识、觉知地在当下采取行动。记住，宇宙只能透过当下这一刻，将能帮助你更上层楼的线索、人物、事件、机会送来给你，宇宙不能借由你脑子里幻想的未来给你这些。与其将意识扔进未来去追逐更好的生活，不如将意识拉回当下，让未来追到当下。

——我是富裕。我是丰盛。我是喜乐。——

此刻，此地。

——我是富裕。我是丰盛。我是喜乐。——

时间之轮都是很神秘的。时间是心智的概念。没有心智，就没有时间的概念。摧毁心智，你将会超脱到时间之外。你会进入不受时间影响的疆域。你会安住在永恒中。

——施化难陀上师

——我是富裕。我是丰盛。我是喜乐。——

不悲过去，非贪未来，心系当下。

——佛陀

——我是富裕。我是丰盛。我是喜乐。——

为自己设立期限要小心。时间不是绝对的。量子物理、我们的灵性、我们对永恒的认识全都告诉我们，唯一确实存在的时间是当下，唯一存在的地方是此地。此地、此刻。例如，想象你的目标是在一年内变成有一百万或十亿身价的富人。想一下：为什么你选择一年的期限？这是很武断的日期或期限。那只是你抓取来的日期。本源可以在一瞬间创造出让你拥有百万或十亿身价的结果。对本源或神来说，凡事都不困难。这件事可以在瞬间达成，或者有其他你一时之间没想到但最恰当的实现时机，何必设定一个随机的期限呢？

为自己设定期限也会引发恐惧和怀疑，经常会在实质上拖慢你的脚步。你会在期限前达成目标吗？如果你其实可以提前实现目标，你的心智却只顾着看一个较远的日期呢？这也令你更难放手。唯有你放手，本源才能发挥无限且出人意料的组织能力，给你最棒的安排。

话说回来，说"有一天我会是百万或亿万富翁"也没好到哪儿去，事实上反而更糟。请将当下视为唯一存在的时间。将它视为唯一真实的时间，并且发自内心认同这是事实。"我现在就是百万富翁。"就在现在，我就是有钱人。这便是你对万事万物应有的一贯想法、行为、谈吐、感受。如果别人问你"几时"，你回答"就快了"。每次有人问"几时"，耶稣总是说"就快了"。在此时此地的事物格局中，"就快了"比设定一个特定的日期要好得多。在你的心里，永远是现在、正在成为、向来都是。

记住，即使量子物理向你证明了时间跟你想的不一样，当你说"我现在就是百万富翁"时，你周遭的物质证据看上去跟富裕沾不上边，但这不表示你在骗自己。的确，所有可能的存在形式都同时存在，包括富裕版的你。这句声明是真实的，骗人的是你的眼睛。爱因斯坦说过，时间的幻象（过去、现在、未来的幻象）不管怎么顽强，幻象仍然是幻象。

——我是富裕。我是丰盛。我是喜乐。——

耐心等待事物的推展。催赶或强求会干预事态发展，拖延事情发生。大自然是完美的。如果想早日看到成效，缩短时程的正确做法是提高自己的笃定度。想象要更明晰；想法要专一（不要朝三暮四）。专注，最重要的是从原本只局限在显意识（conscious mind）层次的觉知力，扩展到能觉知到显意识、潜意识、超意识及本我的层次。多数人感受不到自己的潜意识和超意识。如果你的觉知力、想象力、信心、笃定、明晰度都是一流的，你可以瞬间创造成果。你才刚起步，能力将"与时俱进"。只要刻意投入这些事就行了，选择你要提高觉知和笃定，自然会成真。但不要失去耐心，不然会让你陷入觉得自己缺了什么的状态，令看到成果的日子更遥远。

——我是富裕。我是丰盛。我是喜乐。——

"我是……"，现在时。设定目标时应该用现在时书写。但如果你想着目标时不是用"我是"的现在时形态，以现在时写下目标也没用。思考的时候要保持觉知，慎选自己的思绪，从早到晚，当你想到了你的目标和意图时，一律要用"我是"的现在时模式。使用"我是"的句型，是在命令宇宙立刻启动将你的愿望显化为事实的程序。这是在此刻此地宣告存在状态的声明。

——我是富裕。我是丰盛。我是喜乐。——

你必须透彻明白这件事并牢记在心，不可忘记。当你打算拥有或体验某件事物，一定要知道这件事物已经是你的了。真的，你已经拥有它了。从现在起，你只管接收它，拥有它。其实，你会觉察到某件始终存在于你内在的事物。就在此刻，在你看到这句话时，你已经非常、非常富裕。从现在起，你要做的只是占有这份富裕，接收它。讲得更精准一点，是向它觉醒。同时，现在就对你渴望体验的事物心怀感恩，因为你知道你已经拥有这些事物。在当下感恩可以让你更快体验到你选择的事物，因为感恩能确立你的信心和存在状态。

——我是富裕。我是丰盛。我是喜乐。——

没有什么事会在未来发生，过去也不曾过去。只有永恒的现在永久存在。

——亚伯拉罕·考利 [1]

——我是富裕。我是丰盛。我是喜乐。——

时间的存在只是相对性的。

——托马斯·卡莱尔 [2]

——我是富裕。我是丰盛。我是喜乐。——

时间恰似一条由消逝的事件构成的河流，而且水流湍急；一件事才刚流到眼前就被冲走，由另一件事取代，而这件事也会被冲走。

——马可·奥勒留 [3]

——我是富裕。我是丰盛。我是喜乐。——

跟一个好女孩一块儿坐两小时，你觉得好像只有一分钟。坐在热炉子上一分钟，你觉得像两小时。这就是相对论。

——阿尔伯特·爱因斯坦

---

1. 亚伯拉罕·考利（Abraham Cowley 1618-1667），英国诗人。
2. 托马斯·卡莱尔（Thomas Carlyle 1795-1881），苏格兰哲学家、历史学家、作家、教师。
3. 马可·奥勒留（Marcus Aurelius 121-180），古罗马帝国皇帝，著有《沉思录》。

——我是富裕。我是丰盛。我是喜乐。——

时间与永恒之间有一座桥；这座桥就是人的灵魂。白昼黑夜不能越过那座桥，年老、死亡、悲伤也不能。

——《奥义书》[1]

——我是富裕。我是丰盛。我是喜乐。——

时间即呼吸。要明白这一点。

——乔治·葛吉夫 [2]

——我是富裕。我是丰盛。我是喜乐。——

认识时间的真正价值；把握每一刻，好好善用。不散漫，不懒惰，不因循苟且：今天能做的事，绝不拖延到明天。

——切斯特菲尔德勋爵菲利普 [3]

——我是富裕。我是丰盛。我是喜乐。——

你早上起床，嘿！钱包里便神奇地装满了你生命宇宙中二十四小时分量的神奇纸片。没人能从你手里拿走，没人收到的分量会比你多或少。

---

1. 《奥义书》（Upanishads），古代印度哲学论文或对话录，现存的《奥义书》有两百多种。

2. 乔治·葛吉夫（George Gurdjieff 1866-1949），亚美尼亚的思想家和哲学家，倡导灵修门派第四道。

3. 切斯特菲尔德勋爵菲利普（Philip, Lord Chesterfield 1694-1773），英国外交家，曾任国务大臣，以写给儿子的家书闻名。

你想浪费多少时间，这项无限的宝贵日用品都随便你，供应绝不断绝。此外，你不能预支未来，不能负债，你只能浪费流逝中的时刻。你无法虚度明天。明天还替你留着呢。

——阿诺德·贝内特[1]

——我是富裕。我是丰盛。我是喜乐。——

永恒是每一刻时间都恒久存在。如果我们将时间看作一条线，这条线的每一点都会跟永恒之线交叉。时间在线的每个点都是永恒的一条线。时间线将是永恒的一个层次。永恒比时间多一个维度。

——乔治·葛吉夫

——我是富裕。我是丰盛。我是喜乐。——

畏惧虚度一生，却满不在乎地一点一滴地浪费生命，实在是愚蠢至极。

——约翰·豪[2]

——我是富裕。我是丰盛。我是喜乐。——

当下只是一条切割永恒的精确线条，一边是我们说的未来，一边是我们说的过去。

——布拉瓦茨基

---

1. 阿诺德·贝内特（Arnold Bennett 1867-1931），英国作家。
2. 约翰·豪（John Howe 1630-1705），英国神学家。

——我是富裕。我是丰盛。我是喜乐。——

根据爱因斯坦等人的理论，时间和空间不是独立存在的。时间不是独立的东西，空间（由长、宽、高构成）也不是另一样独立的东西。其实，两者是同一个东西，称为时空连续统。要了解这一点，并予以运用。别认定时间跟你是独立的两回事，你只能任凭时间宰割。如果你不花时间去了解时间，时间将会主宰你的思维、你的计划、你的信念系统、你的体验。

时间不是一条你必须遵行的直线。把时间想象成一座城市底下的隧道网络。从房子A到房子B有很多条路可走，有的长，有的短。例如，在1930年，一个人可能要辛苦打拼三十年才能发财，现在也许两年或更短的时间就行了。我们增强了富裕意识和笃定，致富之路就变短了。

另一个看待时空连续统的方式，是想象那是一张涵括所有可能事件的纸。每一个可能发生的事件、所有的东西都在那张纸上。现在，想象你是一支有一只眼睛的铅笔，这张纸将铅笔卷起来。你是这支铅笔，你被一张涵括所有可能事件的纸完全包覆。但这支铅笔只有一只眼睛，你只看得到发生在这只眼睛所在位置的纸面上的事件。这支铅笔的眼睛可在笔身上下左右移动，这只眼睛可以移动到笔身表面的任何部位。这只眼睛移动得越快，你看见的事件就越多。现在，想象你可以扩大眼睛的尺寸。你把眼睛变得越大，你能同时看见的事件就越多。

好，最后一点。想象你可以增加铅笔上的眼睛数量。铅笔的眼睛变多了以后，看见的"人生"越多——更多同时发生的事件，而不是一次看到一件事。当你增加眼睛的数目和扩大每只眼睛的尺寸，你便能在更短的"时间"内看到更多东西。好，把这整段解释说明的"眼睛"一词换成"意识"。扩充眼睛的尺寸和数量就是扩充意识，向存在的一切"醒来"。这便是我们身为存有（Beings）的演化目的——扩充意识。好，那支铅笔代表什么？是你的本我——你的灵、灵魂，或任何你喜欢的称呼。你是不受时间限制的多维度存有，依据本源、神的样貌和形象打造。随着你的成长，你会扩充对这项事实的意识和觉知。

现在，想象你最要好的朋友是另一支铅笔，这支铅笔也被同样一张纸卷起。你们是两支有眼睛的铅笔，同一张纸包覆着你们。你们"对上眼睛"时，你们便同时体验到一切万有的同一部分。你们借由选择相遇来决定相遇。你们可以选择遇见在那个时空连续统上的任何事物；没有障碍，如果你笃定地行使自由意志，自由意志便会分毫不差地为你实现。认识这一点，你就握有力量。运用这个知识来追求财富跟其他的人生愿望则令人喜悦。

这便是一切互动的解释。真相是——你、你的朋友跟其余的人只是同一支笔的化身，因此当你们对上"眼睛"（意识）时，你们体验到你们两人在一起，但你们在较高层次上，始终是一体的。

——我是富裕。我是丰盛。我是喜乐。——

你认为同时发生的几个事件，在另一个观察者眼中却可能是在不同的时间发生的，一切要视这个观察者的相对动向而定。想象一辆从南向北行驶的货车上有一个大箱子，你在箱子里面。箱子正中央有一颗定时打开、关闭的灯泡。灯光照射到箱子北壁的时间跟南壁相同。你甚至可以实际测量，确认事实如此。你会发现灯光是同时照射到箱子的每一侧内壁。这将是你的真相。

现在假设路边有个女人，你的箱子上有一扇玻璃窗。女人可以从窗户看到箱子内部。因为她在原地不动，你、你的箱子、灯泡则在移动，她体验到的事会跟你不一样。她会看到光线照射到北壁的时间比南壁稍微晚一点，因为北壁从光线移开，南壁则移向光线（记住货车是从南向北移动，灯泡在箱子正中央）。她甚至可以测量到事实就是如此。她发现南壁比较早照到光线，北壁则比较晚。这将是她的真相。于是，两个矛盾却精确的事实同时存在。怎么会这样呢？

对宇宙来说，这些只是事件。时间对观察者、对你是区域性的。实际上，时间不存在，只有同时发生的所有事件。是你自己在这些事件中的动向，让你觉得时间仿佛存在。是你扩张的意识让你更快通过更多事件。扩张的意识让你可以在一刻之间看到更多事件。扩张的富裕意识让你更快致富，更快经历更多事件，更快看到更多事件。实际上，它让你在每一刻都能觉知并体验到更多的一切万有，因此你看起来拥有更多"东西"，因此看起来更富裕。

这也提高你做出正确选择的次数，你笃定地增加的欲望和目标，让你在现在的任何一刻都能得到更丰富的体验。经由增加目标的数目和你的心智画面，稳定且笃定地维系它们，你可以"看见"更多财富。这是时间的秘密之一。

——我是富裕。我是丰盛。我是喜乐。——

爱因斯坦的数学老师赫尔曼·明科夫斯基（Hermann Minkowski）提出一套方程式，证明一个人全部的过去及未来都在一个点交会，即现在，也只有一个交会地，即此地（不论这个人在哪里观察）。

——我是富裕。我是丰盛。我是喜乐。——

宇宙的所有事件，都在永恒的当下这一刻同时发生。这些事件好像以流动的顺序一次发生一件，这种错觉是我们人类的觉知或意识形态造成的结果。这导致我们一次只看到一小段极为狭窄的时空连续统。我们看到小小的一片，然后是下一片，再下一片，以此类推。但我们可以扩张或收缩我们的片段，以大幅扩张或缩小我们能看到的部分。一个拥有富裕意识的人对一切万有的观点是非常能扩展的，因此其体验也大为扩展。

——我是富裕。我是丰盛。我是喜乐。——

　　构成我们每个人过去、现在、未来的事件，都是整批给我们的……或者可以说，每个观察者随着时间推移，发现新的时空片段，他会觉得那是物质世界的连续外观，不过实际上，构成时空的这些事件在他觉察到之前就存在了。

　　　　　　　　　　　——诺贝尔奖得主路易斯·德布罗伊（Louis de Broglie）

——我是富裕。我是丰盛。我是喜乐。——

　　时间只存在于你的心智。你的心智常常想要活在对未来的期许里面，或活在过去的记忆中。这是构成心理时间的一大原因。这是另一种"时间"。时间的幻象还有很多形式，心理时间是其中一种。当心智期待"未来"的事，或是记起"过去"的事时，你便体验到这个类型的时间。这种"期待"和"回忆"创造了时间，并且招致大量痛苦和压力。这是没必要的。最有效益的事是不要回忆或等待，而是观察、体验、创造——就在现在。观察、体验、创造当下是不受时间影响的；这是宇宙的真实本质。

　　凡事都发生在现在。你在现在回忆过去，你在现在梦想未来。你在现在学到过往经验的教训。你实际处于你的过去时，那一样是在当时的现在。在过去的那个点上，如果有人问你现在在做什么，那仍会是在现在。你在现在致力于追求未来。你将会抵达未来。你将会在现在活在你的未来。你永远在这里、在现在。你不能在别处。存在（Being），如是（Is-ness），就是唯一的现在。你不能在现在以外的时刻做任何事。不然你试试看，现在就在昨天或明天做点什么，打死也办不到吧！你只能存在于当下，在当下有所作为。一向如此。就连"明天"也发生在现在，就是现在。你看出永恒的运作方式了吗？根本连躲都躲不过。试图在心里逃离现在是徒劳无功且痛苦的。那就像试图离开一切万有所在之处。所以佛陀、耶稣跟许多大师都教导我们不要担忧未来。他们教导我们要静定、安住在当下，要觉察、享受现在，一次只活一刻，要清醒。

如果想认清时间大致上是因为心智忆起过去、期待未来而创造出来的，有个简单的方法，就是想想你睡眠的经验。当你入睡时，你可以"打卡"八个小时的睡眠；醒来时却觉得没有经过任何时间，仿佛你入睡只是前一刻的事而已。你度过那八个小时的感觉，跟你清醒时的八个小时是不一样的。可是从研究报告中得知，我们差不多整夜都在做梦，但即使你记得梦境，也只有寥寥几个而已。瞧，就是这种没有心智、没有回忆、没有未来的脱离状态，才让你觉得睡眠仿佛完全没有用掉时间。睡眠时，你的心智和你的灵魂在同一个地方，在一块儿。那个地方就是现在，永远都是。

——我是富裕。我是丰盛。我是喜乐。——

在其余情况不变的情况下，一个人或社会越能觉知时间的幻象，普及相关的教导，正确地利用时间的幻象，越能富裕和快乐。

时间和意识直接相关，正是意识让你体验你的人生。两者之间有明确且直接的连接。如果你知道了这一点，你的觉知程度就提升不少了。这份觉知会开始引导你扩充意识。扩充的意识将会通往更多富裕。你一开始或许不会注意到，但只要你把意图都放在富裕意识和觉知之上，就会水到渠成。你或许不会知道开始实现的确切时间。真相是，那已经实现了。你将会看到事实如此，随着一天天过去，你的觉察力一刻比一刻强，直到有一天你回顾过去，发现自己确实判若两人。

如果你对时间的幻象仍然一知半解，别担心，继续读下去，随后几章会让你拨云见日。永远都有更多可以知道的事——一层又一层永不终止。但你每揭开新的一层，发掘更深层的真相，你都会更享受人生，把人生变成畅快的旅程。别忘了，永远维持平衡。

现在我们四个维度都介绍完毕，我们知道什么构成了自己在地球上的体验，现在可以来讨论构成我们体验的东西。这些体验是谁建构的？又是什么东西引发这种建构过程？首先，我们要知道存在状态、思维、言语、行动及宇宙法则全都参与了宇宙的建构，以及空间和时间如何影响这种建构。

然后，我们会讨论这个建构者。建构者是谁？就是你。所有的存有都是建构者兼共同建构者。因此问题实际上是：你要怎么建构快乐又富裕无比的人生？

04

第四章

心智画面：

生命的蓝图

走向富裕的下一步是了解生命的运作方式，亦即生命力如何接受指令，然后运用量子能量场将指令转化为事物和新的片刻？生命会接受哪种类型的指令，来打造你生活里每一个新的片刻？指令的格式是什么？有哪些规范？

这一章会为你回答这些问题。这些是最根本的问题，一定要在了解之后，我们才能逐步深入讨论富裕的本质。其实，你可能听说过本章介绍的原则，这些不是什么新观念。尽管这些原则很简单，融会贯通的人却寥寥无几，会用的人更少。

想象力是致富很基本且不可或缺的部分。致富过程的其余部分迟早都会涉及想象力。你的心智画面实际上就是打造你世界的蓝图。

在量子物理那一章，你看到物质实相如何产生的科学解释。在随后几章，你会看到想象力和生命的相互连接。在此我们先认识想象力，包括想象的心智画面和想象力本身。

生命是展现于外的心智画面。意思就是说，生命或本源将你的思绪和心智画面视为在现实世界创造你现实情况的指令。生命将你的心智画面显化为物质实相。显化就是公之于世、陈述、吐露、沟通、传递。生命力将你的思绪显化为体验以及能在物质世界辨识出来的物体，好让你本人跟每个人都知道你有些什么思维。你亲身体验自己的想法、自己的心智画面，如此一来，你就可以知道哪些想法是恰当的，哪些是不恰当的。这就是你认识自己的方式；这就是你体验本我的方式；这就是你成长的方式；这就是我们现在置身的这个物质世界的首要目的。这个世界就是设计成一个供你体验本我的地方。你可以在这个世界体验自己的想法，瞧瞧这些想法会造成什么影响和后果。

生命不会筛选你的心智画面，不会决定哪些画面要显化、哪些不显化。生命如何替你做主呢？生命只会依据你的想法和你相信这些想法的程度，全部予以显化。你真的有自由意志。自由意志的确是自由的，因为它不加过滤、没有偏好地发挥效应。自由意志真的是自由的，因为它确实百发百中，不是偶尔应验，而是绝对精准到位。稍后，我们会清楚看到自由意志的运作方式，即使在看似不可能的时候照样灵验。

——我是富裕。我是丰盛。我是喜乐。——

想象力是带领你到不曾涉足之地的力量。拿破仑·希尔[1]说想象力是当今世上已知最了不起、最神奇且强大到不可思议的力量。生命就是化为实体形式的想象力，或者说心智画面。以图片、电影和专注力天天喂养你的想象力。每天要抽出时间仔细做这件事。想象力是最强大的力量，因为生命是靠你的想象力，才知道接下来要创造什么。多数人用在想象的时间少得可怜。他们以琐碎的念头漫无计划地想象，纳闷自己为什么发不了财。想象力拥有奠定或打破你人生的力量。这是你的心智、你的选择。

——我是富裕。我是丰盛。我是喜乐。——

画面、画面、画面！生命是展现在外的心智画面。想象你希望拥有的

---

1. 拿破仑·希尔（Napoleon Hill 1883-1970），成功学大师。就读大学时他采访美国钢铁大王安德鲁·卡耐基，接受卡耐基的邀约访问五百多位各界成功人士，将他们的成功心法归纳成册，著有《思考致富》《心静致富》等书。

生命——画面要尽善尽美，有色彩、有细节，你在心里天天这样去想。一天用一小时想象你的画面。其余时间，你的思绪要符合你选择的生活。这极度重要，再怎么强调都不为过。本源或说神的运作完美无瑕，你的愿景跟想法是什么，就给你什么。分毫不差。不多也不少。因此，拥有清晰的画面和想法并维持一致是极度重要的。

例如，很多人想要一辆好车。他们犯的错是将目标设定为"得到好车"。他们指望宇宙给他们什么？实际上并没有一辆名为"好车"的车。设定要清楚！明确地观想你要的车：什么样的厂牌、车款、颜色、配备。去逛逛车行，或是上网搜寻，弄清楚你想要的"好车"究竟是怎样的车，力求确切。然后天天观想，想得越多，距离实现就越近。这是有效率的想象方法。

生命是展现在外的心智画面。你想出国度一个梦幻假期吗？你就去旅行社，取得全部细节，包括行程介绍、航班信息、饭店、预订租车、价格等。在你的心里以全彩的画面建构整趟旅程，画面力求要精确。

——我是富裕。我是丰盛。我是喜乐。——

生命是展现在外的内在画面。我们做的每一件事及体验都具体呈现了我们的画面、我们的想象、我们的想法。对你的画面下功夫。想改变人生，就改变你的想象，改变你的想法。

——我是富裕。我是丰盛。我是喜乐。——

你现在的生活就是你想象过的生活。

——我是富裕。我是丰盛。我是喜乐。——

依据你想要的人生，观想并想象你生活的每个层面。每天至少一个小时。你的生活就是你的心智画面，这些画面按照你相信的程度显化在生活中。

——我是富裕。我是丰盛。我是喜乐。——

华特·迪士尼（Walt Disney）不顾重重困难、批判及一连串的"失败"，坚守他的想象，终于成为举世闻名的娱乐天王。米老鼠是他在陷落"失败"的谷底时所创造的。没人料到用一只老鼠可以建立一个娱乐帝国。只要愿意让我们最渴盼的想象带领我们，我们便会成为无限的创造力。爱因斯坦说想象力是最强大的创造力。学会放开心胸，顺从想象力和渴望的带领。

——我是富裕。我是丰盛。我是喜乐。——

如果要强化你的观想，利用你每天都会有的八小时睡眠。学会在梦中"醒来"很容易。在那种状态下，你可以充当梦境的创作者，在做梦时描绘并活出你的完美生活。要记住，潜意识不会分辨什么是真实的体验，什么是你想象的体验。梦境是观想的最佳形式，这个技巧称为清明梦（lucid dreaming），有很多教人做清明梦的书。

——我是富裕。我是丰盛。我是喜乐。——

要有活下去并致富的理由，多多益善。你的理由越多，得到的财富就越多。与其把支付账单当成追求富裕的唯一原因，不如增加其他理由，诸如旅游、收集艺术品、买房子、拥有漂亮的服饰、用礼物表达你对别人的关爱、用好东西宠爱你的亲朋好友、买一艘船、拯救生态环境等。精准地观想这些原因，它们可以说服潜意识或你的心将这个目标内化。这些原因也能充当潜意识赖以运作的素材。你的原因越多，想象越有力，见效就越快。

——我是富裕。我是丰盛。我是喜乐。——

让你喜爱的事物的图像充满你的生活。去找有你喜爱的车辆、住宅、地方、物品、身材、运动项目、活动的图片和杂志。你愿景中的画面越清晰，你越能明确、迅速地实现愿景。

——我是富裕。我是丰盛。我是喜乐。——

梦想要宏大，在你心中的地位要崇高并且够一致，梦想便必须化为实体，这是天条。根据宇宙法则，绝不会实现不了。不用担心梦想如何成真。你只管做好分内的事，让你的思想、行动、言谈都符合你的梦想，一切便会替你办妥。你尽管梦想和观想，然后开始付诸行动。去做你觉得应该为梦想而做的下一件事，继续前进。你做的这一件事将会触发你之前没有预见的其他事情，如此反复去做，直到你的梦想成真。

——我是富裕。我是丰盛。我是喜乐。——

你有没有每天至少抽出三十分钟，专门用在观想和想象你的未来？生命是展现在外的心智画面。规划你生命的力量正是想象力。要抽出想象的专属时段，但其余时间也要以愿景为依归。

——我是富裕。我是丰盛。我是喜乐。——

世界是一场幻象，这点读到后文时会清楚许多。把世界视为一个幻象；相信世界就是一个幻象，一个用来协助你认识并体验本我的幻象。只要你这么做，就会永远记得将下一个版本的幻象打造成你想要的样子。你确实会把自己笃定描绘好的心智画面创造成下一个版本的世界。世界不必维持原状；世界会是现在的模样，只是因为我们全都认同现状。

——我是富裕。我是丰盛。我是喜乐。——

你的潜意识不会辨别什么是清晰鲜活的想象，什么是实际的体验。

——我是富裕。我是丰盛。我是喜乐。——

观想可创造新的潜意识。观想你最狂放的梦想和幻想。活得开阔！用信心、信念、笃定支援潜意识。

——我是富裕。我是丰盛。我是喜乐。——

潜意识是存放你自我形象的地方。潜意识引发你显意识的想法和你的行动。当你利用观想和信念重新设定潜意识，你便重新设定了你的世界。你的世界将你的自我形象揭露给你看，好让你可以亲身体验。

——我是富裕。我是丰盛。我是喜乐。——

你的生命就是以物质事物呈现的你的心智画面、你的想象。更精确地说，生命就是将你最深信不疑的画面，不分好坏，不论你有没有意识到，一律显化在物质世界中。

——我是富裕。我是丰盛。我是喜乐。——

要怎么做到不可能的事？让你的想象力飞翔吧。

——我是富裕。我是丰盛。我是喜乐。——

对你的心智画面充满兴奋。用正向的情感为画面注入能量。情感就是正在活动的能量。感恩是威力最强大的情感之一。让你的心智画面盈满你身体的每个细胞。即使你现在没有体验到，但照样在每个细胞注入你对目标已经实现的感恩之情。依据宇宙的完美法则（你连请求都没提出，便为你实现了），你已经自动接收到了。当你采取行动时，记得在行动中注入相同的感恩之情。

——我是富裕。我是丰盛。我是喜乐。——

你选择画面。本源或神则不费吹灰之力地完美达成任务。那是约定好的。

——我是富裕。我是丰盛。我是喜乐。——

显意识创造潜意识的铭记。意念反复出现，就会在潜意识留下铭记。然后，潜意识便实现这些画面，或者说是使这些画面展现在外，显化为实体。显意识不会显化画面。显意识只能透过重复、信心、信念、笃定来影响潜意识，原因在于显意识会存放各式各样的想法，包括你相信的想法和你不信的想法。显意识就像一只野猴子，扑向你一整天里的那许多思绪。潜意识则只保存你认定的真相、你相信的事。潜意识留存你的根本想法（sponsoring thoughts）。因此，只有潜意识（有人称为"心"）能引发显化。

——我是富裕。我是丰盛。我是喜乐。——

你的潜意识只接收肯定的意念，不接收否定的意念。如果你的观想和设定的目标是"我不再贫穷"，潜意识只会接收到"贫穷"。因此，要改成"我很有钱、富裕、丰盛"之类的句子。潜意识不会内化"不"，它不会内化否定句，只内化"我是什么"，而非"我不是什么"。

——我是富裕。我是丰盛。我是喜乐。——

重复是力量。专注也是力量。

——我是富裕。我是丰盛。我是喜乐。——

观想你的目标时，要当作你已经拥有你想得到的事物。嘴上说的跟心里想的都要使用"我是"的句型，不要用"我将会"。这至关重要。"我是"是力量。稍后，你会看到为什么这符合科学。当下是唯一存在的时刻，其他的全是幻象。

——我是富裕。我是丰盛。我是喜乐。——

在其余情况不变之下，一个人或社会越能正确地抱持正向且宏观的画面，越能富裕和快乐。

既然创造的基本原理已说明完毕，我们接下来讨论的议题会越来越大。记住你现在对画面的认识，要有这份认知才能继续建立你对富裕的了解。随后的较大议题可以让你更深入了解这一章讨论的画面，包括在经验、科学和灵性层面上。让我们继续前进吧。

05

思想与言谈：
生命的指令以及向生命下指令

跟画面密切相关的是思想。正如同生命是展现在外的心智画面，生命也是展现在外的心智思想。换句话说，生命是展现在外的心智。你的外在实相是你心智最稠密的部分，两者之间没有分隔。你跟外在世界之间的分隔是假象。随着本书的进展，你会知道为什么事实如此，在科学上与灵性上皆然。

生命就是展现在外的心智。外在世界是你的本我最稠密的部分，是你心智的延伸。等你终于不再相信分离的假象，你的力量会大增。但即使是现在，你仍然可以改变你的心智，进而改变你的世界。你现在可以明白这是如何实现的，随着本书的进展，你会看到进一步的科学证据。迟早，分隔的假象会消失无踪，到时你会透彻了解这个事实。即便是现在，光是知道这一点也能给你力量。

这一章是教你符合宇宙之道和宇宙法则的思考方式，就是意图明确地和宇宙本身共同创造，打造一个你想要居住的世界，而非活在你莫名其妙栖身的世界里。这一章讨论宇宙法则的运作方式，将有助于让拼图回到正确的位置。

好，就让我们潜进心智里。你的世界是你心智最稠密的部分。

生命是展现在外的思想。以下改写前文对心智画面的描述，生命或本源将你的思绪视为在现实世界创造你现实情况的指令。生命将你的思想显化为物质实相。显化就是公之于世、陈述、吐露、沟通、传递。生命力将你的思绪显化为体验以及能在物质世界辨识出来的物体，好让你本人跟每个人都知道你有哪些思维。你亲身体验自己的想法、自己的心智画面，如此一来，你就可以知道哪些是恰当的，哪些是不恰当的。这就是你认识自己的方式，这就是你体验本我的方式，这就是你成长的方式。这个世界的设计是让你可以体验本我。你可以在这个世界体验你的想法，看看想法会造成什么影响和结果。

——我是富裕。我是丰盛。我是喜乐。——

你的外在富裕状态是你内在富裕状态的延伸及证明。你在财富方面的思绪有多清晰、笃定，证据就在你的外在。

——我是富裕。我是丰盛。我是喜乐。——

生命不会筛选你的想法，不会决定哪些要显化、哪些不显化。生命怎么替你做主呢？生命会依据你持有的想法和你相信这些想法的程度，全部予以显化。你真的有自由意志。自由意志的确是自由的，因为它不加过滤、没有偏好地发挥效应。自由意志的确是自由的，因为它确实百发百中，不是偶尔才应验，而且成效精准到位。

——我是富裕。我是丰盛。我是喜乐。——

你对人生各个议题的想法有多不觉察、不深思熟虑、不专注，你就会有多容易被其他人思绪造成的结果牵着走。你的思绪越清晰、聚焦、不矛盾，便越能提前看到结果。有些人仅仅是强力而专注地只想一件事，就能做出许多人所说的奇迹。他们连一时半刻都没有想过，自己要的结果或许会不会如愿实现。

——我是富裕。我是丰盛。我是喜乐。——

受苦永远都是抱持错误想法的结果。那表示你拂逆了宇宙法则。痛苦存在的唯一目的是让你知道自己的想法错了，还有其他对你较有益、层次较高的想法存在。一旦你转换到较高层次的做法及较高层次的想法，痛苦会立刻平息。正在受苦时，不要试图抗拒。要敞开心胸检视，答案一定会显现在你面前，绝对不会落空。

——我是富裕。我是丰盛。我是喜乐。——

专注能提升思绪的力量，使目标加快实现。

——我是富裕。我是丰盛。我是喜乐。——

你的梦想、思绪、愿景将会建构你的世界。你的高低起伏，是随着你的想法而高低起伏的。

——我是富裕。我是丰盛。我是喜乐。——

重复可促进整合和内化。反复阅读本书，以正确的思维反复思考，可以汲取智慧。事物可因反复再三而根植在潜意识。这些事物将会跨越疆界，成为你。

——我是富裕。我是丰盛。我是喜乐。——

看看你今天的思绪、言谈、行动，以因果律推测一番，你就能预测未来。

——我是富裕。我是丰盛。我是喜乐。——

你的问题绝对不会得不到答案。任何真心诚意坚定的提问，都会得到确切的回复，不多也不少。如果你真心诚意且坚定地追寻如何赚到一百万元的答案，宇宙便会暗中策划，为你奉上可以给你答案的知识、工具、人、事件。如果你想问怎样赚到十亿元，你也会得到相应的答案。爱因斯坦不是一生下来就是数理天才。他只是提出正确的问题，而且问得心诚意正又坚定不移。瞧，宇宙是依据完美的法则运作，绝不会犯错，对人也不会厚此薄彼。一旦你了解，宇宙那深邃、复杂却简单的规则是完美平衡的，就不可能成功不了。每次你看到宇宙里出现混乱、不按牌理出牌的情况，你只不过是看到了自己仍然不懂的事。但那仍是基于某些法则的安排，可用某些法则予以预测。对本源来说没有难事。完美与平衡是本源的本质。因此，所有的法则都一体适用、四海皆准且始终如一。只要诚挚且坚定地提出正确的问题就好。

——我是富裕。我是丰盛。我是喜乐。——

要明确，不要老是三心二意。每个思绪都算数，都会有结果。老是变卦会把宇宙"弄昏头"。想象你走进旅行社说："我要去旅行。"然后用茫然的眼神看着服务人员。服务人员已经准备好替你订位，但在你说出目的地之前不能行动。想象你现在说："好，我要同时去莫斯科跟廷巴克图（马里历史古城）。"服务人员一样无法达成你的要求。现在想象你说："好吧，帮我订去莫斯科的行程。不对，等一下，改成廷巴克图。慢着，是莫斯科。不，等一下，我不确定我是不是付得起。不，我付得起。不，也许我根本不想去那里，也许我根本不想去旅行。"很多人整天的思绪就是这样。他们的想法把宇宙"弄昏头"，就像上面的例子一样，举棋不定导致他们得到"昏头"的结果。

——我是富裕。我是丰盛。我是喜乐。——

你把注意力放在哪里，哪里便会得到来自你的能量并开始滋长。移除注意力，那里便会消亡。摆放注意力的时候要自觉、慎重。意图与注意力形影相随。你将意图跟注意力摆在什么事物上，那件事物便开始成真。

——我是富裕。我是丰盛。我是喜乐。——

我们有什么思维，就会变成什么样的人。我们是自己思绪的总和。

——我是富裕。我是丰盛。我是喜乐。——

所有的自然法则都永远运作顺畅，一次都不会失误，不然宇宙就要大乱了。本源的本质是完美。你会变成自己所想的事物，绝无例外。如果你想的是富裕，而且没有自相矛盾的思绪，你就会富裕起来，绝无例外。

——我是富裕。我是丰盛。我是喜乐。——

物质只是化为实体的思绪。

——我是富裕。我是丰盛。我是喜乐。——

永远沉着。沉着的心不受恐惧、焦虑造成的情况影响。绝不在困惑、焦虑的心智状态下继续行动。处于那种状态时的思绪是反复不定、自我毁灭的。先冷静下来，在你行动前提醒自己宇宙的法则。

——我是富裕。我是丰盛。我是喜乐。——

·

思绪会吸引类似的思绪，灵魂会吸引类似的灵魂，心智会吸引类似的心智。这是一支反复循环的舞蹈。就这么回事。另一种正确的说法是思绪会吸引类似的物质，而物质是物体化的思绪，即思绪制作而成的物体。还有，身体和世界是心智比较稠密的延伸，心智则是身体和世界比较精细的延伸。当中是没有分隔的。运用这项知识去了解并重新建构你的周遭环境、你的财富状况、你的健康状况。

——**我是富裕。我是丰盛。我是喜乐。**——

别把心思放在不满意的事情上，即使你现在感到不满也一样。否则那只会喂养、支持不如人意的情况。改变你的态度，将这些情况视为你以前思绪的完美结果，以及重建全新的你的机会。感谢这些情况赐予你的这份礼物。

——**我是富裕。我是丰盛。我是喜乐。**——

意图、信念、超然这三者让你可以沉着面对人生，知道宇宙永远会满足你的意图，但宇宙会以超出你理解能力的顺序和智慧，以最恰当的方式替你办到。你的生命会开始出现转机，你会开始露出笑容，赞叹每件事似乎都迎刃而解。面对挑战或问题时，你可以轻松应对，因为你知道那都是你想要的结果的一部分。凡事都会替你摆平。挑战或问题甚至都还没浮现，便已经解决了。难关显现只是为了带你走向符合你想要的欲望的结果。用这种态度面对人生，你会发现人生会自动为你解套，完全依据你用信念奠基的欲望和意图行事。你操练这套做法，累积自信，对这套新的生活方式越来越自在，恐惧、焦虑、挫折、"失败"的老习惯会渐渐消失，你成功的速度会加快。当你逐渐熟练，越来越能觉察并意识到你的整个本我时，在你思绪及其物质显化之间的间隔将会缩短。最后，间隔将完全消失。从古至今，具备这种本事的大有人在。

——我是富裕。我是丰盛。我是喜乐。——

许多人发现，生命最神奇之处，在于创造的行为大致上就是醒悟到这件事物已经存在。宇宙的设计便是如此。一切全在此地、此刻，所有可能存在的事物。我们可以透过选择来体验已经存在的事物，你对生命的认识和觉知越深入，越能做出这样的选择。

——我是富裕。我是丰盛。我是喜乐。——

要有意图，但不要有偏好或执着。以意图和欲望选择未来的结果，同时仍接受当下的每一刻。当下的每一刻都是你过往思绪、状态、行动的完美结果。这是送给你的礼物，以便供你体验自己、从中成长。抗拒、诅咒当下，只会延长当下的情况。

——我是富裕。我是丰盛。我是喜乐。——

跟自己说话，问自己问题，并期待得到答案。你很快便会掌握从内在得到答案的诀窍。答案是透过感觉来呈现，而非言语；但你会知道那些感觉的意思，你可以掌握答案的要旨或完形[1]。

——我是富裕。我是丰盛。我是喜乐。——

学会分辨什么是真实的感受和思绪，什么是伪装成感受的情绪。

---

1. 完形，Gestale，又译格式塔，主张整体不等于个体的总和，因为我们对事物的认知除了客观事实，还会加上个人的主观想法。在本句指得到对答案的整体概念。

——我是富裕。我是丰盛。我是喜乐。——

当你有了意图，心念就要专一，不要在各种选项之间左右摇摆，或为了个人偏好而犹豫不决。练习在当下这一刻超然。愉快地接受当下正在发生的事，因为那是你用以前的思绪、言谈、行动、存在状态而招引的情况；这些情况会出现，只是为了让你检视自己，就像一面活生生的大镜子。你抗拒的事物会持续存在。不要希望当下的情况要是不一样就好了。快乐地活在当下。将心放在当下，但在选择你要的未来及对未来的意图时，心念要专一，焦点要清晰，而且要精准。

——我是富裕。我是丰盛。我是喜乐。——

永不停止学习。

——我是富裕。我是丰盛。我是喜乐。——

观察并肯定真相，真相会让你重拾自由。破产了就直说。正视破产的事实。承认事实，然后找出造成破产的那些错误思想。永远要承认事实，因为抗拒的事物会持续存在；你正视并摊在台面上检视的事物则会释放你。但要留意你认错的方式，不要只说："我破产了。"较正确的说法是："我之前的想法、行动、存在状态导致我现在观察到的破产状态显化。"永远不要说、想、感受负面的想法。宇宙永远都会实现"我是"的宣告。

——我是富裕。我是丰盛。我是喜乐。——

去改变起因，而非其效应。想法才是起因，物质实相是效应。试图直

065

接改变效应就像用头去撞墙壁。例如，如果你的销售业绩下滑，不见得是营销做坏了，有可能是你对生意或生意的其中一个层面怀有负面的态度。有的人会有"我讨厌上班""我讨厌这个差事""我讨厌客服的工作""但愿可以彻底放松，整天闲着"这一类态度，如果你持有这些想法，而你纳闷为什么不管你怎么做，生意都没有起色，这可能就是一个原因。深入挖掘，要觉察、分析你的状态和想法，这些想法永远都是根本的原因。

——我是富裕。我是丰盛。我是喜乐。——

此刻、此地是可能需要一点时间才能体会的概念。明白这一点，便能给你强大的力量。记得吗？我们说过在你的世界里发生的事物，都是因你而起的。那些花了时间研究、体验这一点的人，可从亲身经验知道每个人的世界百分之百是自己造成的。现在记住，思绪需要一段时间才会显化，视主题而定。当你用眼睛看东西，你看到了什么？你眼睛看见什么？如果你触目所及的一切事物都是因你而出现，而思绪需要时间来显化，你显然正注视着你自己各个阶段的"过去"。把前一句话重看一遍。

凡事都是幻象。幻象的目的是供你检视自己，以便你创造下一个版本的你。你可以设计自己的成长。你的眼睛看到的幻象，是你以前在不同阶段设计的幻象。真正的你，你的本我，遥遥领先于你。你此刻的思绪极为贴近真正的你，就在你背后一点点的地方。引发你思绪的是真正的你，这个沉默无语的你迸发思绪，是观察者、是灵魂，但那是另一个主题，让我们回到幻象的主题，谈谈如何利用幻象创造富裕。对于你肉眼看到的这个世界，一个运用方式是将它视为你的过去，积极且慎重地利用它来观察你的本我，看看要变更什么，要如何成长。这是运用幻象的一种方法，是一份送给你的贴心礼物，以便你认识自己的本我。

——我是富裕。我是丰盛。我是喜乐。——

现况是以前的思绪带来的结果。也就是说，当你看着今天的世界，你其实在看昨天的自己。这个世界在当下的每时每刻，都反映出你在现在这一刻之前的思绪和存在状态。这全是幻象。将幻象视为幻象并加以利用，你会有美满、富裕的人生。

——我是富裕。我是丰盛。我是喜乐。——

疯狂就是重复同样的做法，却指望得到不同的结果。你在做什么？你是不是天天做相同的事，并期待会有不一样的结果？是的话，现在就哈哈大笑吧，笑个前仰后翻；然后从这一刻开始改变。就从现在起。

——我是富裕。我是丰盛。我是喜乐。——

有"根本想法"这种东西存在，也就是思绪背后的思绪。一个根本想法的创造力超过它引发的想法。我们平常说的想法其实是受到其他想法引发的想法。仔细检视你的想法。这些想法都有一个根本的想法、一个起因。如果你浮现自己需要进食的想法，这个想法背后有一个起因、一个根本的想法，以这个例子来说，就是你饿了的信念。要开始察觉这些根本想法。根本想法来自你的潜意识，有的人称为"心"。根本想法反映出你真心相信、认定真实不虚的事物。这是你的潜意识程序。如果你的想法跟根本想法对一件事的立场不一致，互相冲突，胜出的会是根本想法。所以乞求神实现一件事的人，祈祷从来都不会得到"回应"——因为他们的根本想法表达的是"没有"或"缺乏"。要觉察自己的根本想法，予以修正。

——我是富裕。我是丰盛。我是喜乐。——

科学界证实了深度静坐可以暂时关闭告诉你"身体边界"的大脑部

位。静坐吧，你会接触到广阔得不可思议的心智和意识。丰沛的想法会冒出来，商务解决方案、生意上的新点子、发财策略只是其中几个例子。有人说过，如果你不走向内在，外在将会匮乏。

——我是富裕。我是丰盛。我是喜乐。——

不要批判，不要谴责。这些思绪使你消极，导致你批判或谴责的事物持续存在。这造成阻滞和许多无益的结果。

——我是富裕。我是丰盛。我是喜乐。——

知觉的扩展可扩展富裕。宽恕可使知觉扩展。当你原谅别人和自己做了你认为不对的事，你便敞开了自己，愿意看见你和别人的真面目。你敞开自己，去看你可能疏忽掉的美及能力。你的包容力变大，你拥抱自由和爱。你对局限的信念会减弱。许多扩展你知觉的事发生了。扩展后的知觉则扩展你的意识、你的能力、你的机会、你的人脉，以及许多能带领你走向富裕的事物。

——我是富裕。我是丰盛。我是喜乐。——

多数时候，你最热切、最坚信不疑的想法，将会变成你。

——我是富裕。我是丰盛。我是喜乐。——

据说，一个人一天约有五万条思绪。有的思绪使你走动、搔痒或控制你的生理机能。有的是无意识的白日梦。很多思绪是重复的。只有少数思绪是在觉察且深思熟虑的状态下发出的。观察你的思绪，觉知你的思绪。

思绪不要像以前一样散乱。让越来越多的思绪是在觉察且深思熟虑的状态下发出。经由觉察思绪，你可以觉醒，开始深思熟虑地设计自己的生命。如果你决定要开始觉察，就会有觉察力。

——我是富裕。我是丰盛。我是喜乐。——

将你的心智变成一座只容许正向思考、正向影响力进入的美丽晴朗的岛屿，全面杜绝负面的思绪或影响。言行举止要像你脑子里有一支警醒的正面心念防卫队，二十四小时都守护你，防御内在和外在的负面势能，而且战无不胜。

——我是富裕。我是丰盛。我是喜乐。——

组成一个智囊团，一个由想法接近的人组成的团体。要经常聚会，交流你们的想法、资料和动机。有至少两个人聚在一起时，力量会倍增，群体的整体力量会超过个别成员的力量总和。智囊团的威力强大。每一位成员的力量都会大大倍增。

——我是富裕。我是丰盛。我是喜乐。——

负面思绪浮现时，就在那个瞬间说"停！"立刻把思绪改成正向。连一秒都不要去想负面的想法。但是要记住，别把这跟抗拒负面思想混为一谈。你抗拒的事物会持续存在。两者截然不同。负面的影响可能来自朋友、电视、新闻、你的想象、你看见的事物，等等。当你注意到这些负面的影响力跟想法，立刻阻断就好。不需抗拒。如果负面的心绪强烈到你觉得不抗拒不行，也就是你不能单纯地绕道而行，不予抗拒，那就跟负面心绪正面相对，仍旧不要抗拒。干脆把它摊开来看，面对它，以超然的立场检视它、直视它，看它的组成成分是什么、为什么会冒出来、为什么对你造成目前的影响。分解它、理解它；了解它的动力从何而来。扪心自问为什么会有这份负面心绪，以及它的真面目是什么。保持警觉，注视负面心绪，研究它的构成成分，找出它的根本原因和答案，你便能克服它。

——我是富裕。我是丰盛。我是喜乐。——

你会先在心里抵达你要去的地方。我们先在心里攀登圣母峰。我们先在心里踏上月球。你先在心里学会走路。先在心里做到你想做的事。就这么简单。任何你想拥有的事物，先在心里拥有它。想要一栋豪宅，就先在心里建构豪宅的精确画面。先在心里住进这栋豪宅，豪宅的实体随后会出现。

——我是富裕。我是丰盛。我是喜乐。——

尽可能不要去看或读坏消息，即使你认为坏消息对你的生意有利。坏消息创造的不良画面会干扰你最宏伟的愿景。世界在你眼中的样貌，是你选择看见的那一种样貌。坏消息常是自我实现的预言。

——我是富裕。我是丰盛。我是喜乐。——

现在，你知道思绪创造你的实相。但如果你试图将你今天的全部实相对应到你今天的思绪，你就错了。今天的思绪会影响一些今天的事物，但在你今天的实相中那些比较"坚实"的事物，是你很多天的旧思维带来的结果。视思绪的主题、焦点、笃定的程度而定，思绪显化成物质形态所需的"时间"长短不一。

——我是富裕。我是丰盛。我是喜乐。——

想想你的思绪。想想你在想的事。留意你的思绪，慎选你的思绪。

——我是富裕。我是丰盛。我是喜乐。——

想法是超脱时间之外、永恒的。你可以刻意创造你的过去，效果跟你平常刻意创造未来一样。多数人想都没想过这种可能，这却是威猛又有用的可能。这种能力来自灵超脱时间的本质，也来自整个宇宙基础建材的量子能量封包超脱时间的本质。

——我是富裕。我是丰盛。我是喜乐。——

已经有物质实体的事物可以用思绪改变，但要改变已有物质实体的事物，难度远远超越将尚无物质形态的东西显化为实相。

——我是富裕。我是丰盛。我是喜乐。——

不间断的祈祷是什么意思？想一下吧。古有明训，你连祈求都没有，便已经给你了。还说如果你祈求，便要给你。发现了没，祈求不是乞求。你不是向本源乞求，你连请求都没有提出，一切便给你了。乞求跟匮乏感带给你的，就是你乞求、渴盼的事物持续付之阙如。这不只是灵性概念，还可以用量子物理学证明。

量子"汤"确实包含万物的所有可能状态，就在此刻、就在此地。也就是说，那条灵性法则[1]的允诺也符合科学事实。还说，如果你能相信，

---

1. 指前文：凡祈求的，就得着；寻找的，就寻见。出自《圣经》马太福音第七章第八节。

什么都办得到[1]。还说，不论你将注意力和意图放在什么事物上，那件事物便会成形。这便是运用量子"汤"的纯粹能量创造事物的方法，即透过注意力、意图和信念。古往今来各个文化的许多大师、教师、智者告诉我们不要担忧，保持超然，信任宇宙的神秘运作。不只因为宇宙以至高的智慧运作，也因为你可能不知道你的灵魂或高我的选择。

据此，不间断的祈祷的意思如下：你有欲望；你凭着意志让欲望实现、显化。你全心全意地发出意图，清楚、专注、笃定的意图。你可以用任何你知道的方式，将这份意图转达给本源。其实单纯的意图便够了，但假如你有空的话，静坐吧，静定的效果比较好。

当你传达了意图，就要保持超然，也就是你置身幕后关注它，没有任何它应该以何种方式、在何种特定"时间"、以何种顺序实现的欲望。因为你知道这一套是灵验的，因为你笃定且言行一致，超然且感恩。你的意图将会以最出人意料、神奇的方式实现。这就是祈祷。

不间断的祈祷，要持续一整天，将意图聚焦在你所有的生命欲望之上，并保持笃定、超然和感恩。你不是只在一天里的特定时段这么做一次，在其余时间里的行为却完全是另一回事，或依旧混乱糊涂。不间断的祈祷必须成为你的生活方式。也就是说，祈祷应该要活跃、随时存在，成为你日常清醒时间的一部分。这是跟本源共同创造；这会推动你采取行动；这是有主见。这不是我们很多人小时候学到的定时、消极、无助、情绪化的呼求。凡祈求的，就得着；寻找的，就寻见。然而在你祈求之前，一切便给了了。内心要有定见，参与共同创造，随时临在当下，并且感恩。决意接收，不要乞求——这就是不间断的祈祷。甩掉祈祷等于哀求神帮忙的这个想法。别再认为神会选择要不要帮你、下凡一肩扛起你跟他的事。

祈祷其实是抒发意愿，抒发意愿是共同创造。你的分内事是使用明确的意图、笃定、感恩、超然。绝对要笃定；务必要知道你拥有这份力量；

1.《圣经》马可福音第九章第二十三节：你若能信，在信的人，凡事都能。

一定要信任本源对你的计划是友善的。你的祈祷、你的意志将会得到"回应"，视你能做得多彻底而定。本源不会用一套准绳来决定实现某些祈祷，不实现某些祈祷。宇宙法则对所有人一视同仁，始终如一。祈祷是向内走的能量过程，是你不执着于一定要得到回应的向外呼求，没有一丝怀疑。那是强烈而笃定的意愿。当你醒悟到连要求都不是必要的——你跟一切万有是一体的，包括任何你想拥有的事物，你就是答应实现愿望、传递的人——你将会真诚地祈祷，绝对会如愿以偿。你的祈祷将是对已经给你的一切的纯粹感恩，甚至早在你祈求之前。提出要求是不必要的。只要感恩、微笑！

——我是富裕。我是丰盛。我是喜乐。——

还有，别停止找乐子。乐活人生！生命是喜乐。生命的精髓是喜乐。凡喜乐所在之处，创造就很活跃。在喜乐所在之处创造富裕会比较容易，喜乐让富裕有了意义。

——我是富裕。我是丰盛。我是喜乐。——

你心智所想的内容和内心的感受，就是你会变成的样子。

——我是富裕。我是丰盛。我是喜乐。——

你触目所及的每一件事物，都曾经是某个人的想法。看看你的周遭。任何东西在存在之前，都必须先是某个人心里的想法。

——我是富裕。我是丰盛。我是喜乐。——

一个人怎样思量，就会是怎样的人。

——《圣经》箴言第二十三章第七节

——我是富裕。我是丰盛。我是喜乐。——

你的心智是无限的。

——我是富裕。我是丰盛。我是喜乐。——

在其余情况不变之下，一个人或社会越能正确地抱持正向且宏观的想法，越能富裕和快乐。

好，我们又介绍完一项基础建材了。你现在知道创造富裕的正确思考和言谈方式。在思想的范畴中还有一个步骤要介绍。我们看到了画面的运作方式，画面是思想的一个层面，然后我们全面讨论完毕思想本身。现在该来谈谈思绪的最后一个层面——目标。

06

第六章

目标：

通往富裕以及抵达富裕后的路线图

设定目标有一套规矩。目标的真正作用是什么？目标能让你以正确的思维模式富裕起来。目标让你的思维聚焦，提供正确的思绪格式给宇宙，让你的画面一致而不涣散。因此，订立目标有一套正确做法。

设定目标很重要，这已经说得很多了。设定目标不是新的观念。但你现在即将看到的内容，对你来说很可能是新观念。你现在会看到应该怎样订立目标，才能迅速富裕。设定目标是很好；如果订立方式正确的话，效力将非常强大。

欢迎来到强效目标的世界！你的目标就是在预言你日后要变成的模样。

如果你不知道自己在往哪里走，最后就真的是不知所终。（那到底是哪里？）不列计划，就是计划失败。如果你没有明确的目标，就不会有明确的结果。记住，本源会撷取你的思绪、你的心智画面，然后显化在你的实相中。你在量子物理那一章清楚看到在科学层面这是如何发生的。你的思绪和画面就是你的世界的设计蓝图，是你创造的，也是为你创造的。目标是有计划的思绪、有方向的思绪。缺乏有计划、有方向的思绪，你的生活将会没有计划、没有方向，看上去没有章法，也不可靠。

——我是富裕。我是丰盛。我是喜乐。——

只要知道你要去哪里，如何抵达的答案会在时机成熟时出现。不要担心。你只要相信你会如愿以偿。

——我是富裕。我是丰盛。我是喜乐。——

你的想法、愿景、梦想——不论是什么——都预言你有朝一日会有的样貌和成就。检视你今天的内在自我，就能预测你明天的外在生活。改变你今天的内在自我，你就可以改变你的明天。

——我是富裕。我是丰盛。我是喜乐。——

郑重看待目标。有一项研究追踪了美国某常春藤盟校毕业生在离校二十年内的发展。研究开始时，百分之三的毕业生写下了目标。二十年后，那百分之三的人的财富，超过其余百分之九十七的人的总和。报告指出，他们对生活也比较满意、愉快。

——我是富裕。我是丰盛。我是喜乐。——

世界各地有愿景、有梦想的人，是世界幕后的救星和推动力——发明家、艺术家、哲学家、教育家、智者、商人、设计师、科学家、领袖及任何梦想宏大并且有创造的人。这个世界活在他们的想法和做法之中，不容他们的想法白白消逝。世界因为这些有梦想、有愿景的人而美丽。整体说来，世界和宇宙倾力支持这些梦想，只要这些梦想家相信这一点并且知行合一即可。宇宙、世界、本源、神是友善的，会支持你的梦想和抱负。只要有愿景，相信这个愿景，视你相信的程度而定，你便能实现愿景，万无一失。一切都会挺你。因此梦想要大！梦的确要非常、非常大！

——我是富裕。我是丰盛。我是喜乐。——

随波逐流是最恐怖的敌人。如果你凡事做法都跟别人如出一辙，你的下场会跟别人相同。每天早上大家会起床，上跟别人一样的班，做一样的事。但问他们为什么，他们说不出个所以然。他们整天辛勤工作只是因为别人都这样，而他们上班是为了付账单、养家糊口。

如果你三十岁，跟其他人一样认真工作，跟别人没两样，都没做别的事，那你看看现在五十岁的那些人，大致上，你就能一眼看出自己五十岁的人生样貌。现在五十岁的人多数都财务独立或富裕吗？不，并没有。现在的人绝大部分并不富裕或财务独立。但他们其实办得到的，只要他们选择不再只因为"大家都这样做"而随波逐流。

想要得到比别人好的待遇，就得做一件与众不同的事。你要有明确的目标、原因、愿景跟富裕意识。阅读本书，你就走向了不一样的人生，而且是可以富裕起来的人生。天天操练本书的内容，你就符合富裕的条件。

讲实在话，即使你才十八岁或更小，也能自力更生、财务独立、富裕起来。一切全看你着手设定目标和愿景、打造富裕意识的时间有多早、多强烈、多精准、多笃定。光是勤奋工作不是富裕的关键。发财的人有勤奋的，也有不勤奋的。大致说来，富裕意识是关键。而正确地设定目标，则提供了富裕的路线图。

——我是富裕。我是丰盛。我是喜乐。——

人在达成目标以后常会犯一个错，一个会将他们打回原形的错。了解这个错误的最佳方式是举例说明：假设有人设定了快快拥有百万银行存款的目标，现在户头里有四千元。他做了所有该做的事，订立目标、观想、笃定、行动，这些全部做到了。他高捧着一百万的愿景，也达成了目标。好，当户头里出现一百万的存款时，他的喜悦不在话下，然后便犯了错。他开始关注银行户头，试图维持他的旧目标，担心金额掉到目标以下，等等。他的目光没有移向未达成的更高目标，着眼在已实现的过去目标。他开始活在过去，试图停留在过去。接着他开始战战兢兢，直到失去那一百万。他没有持续当初实现目标的正确做法，又照以前的老样子过日子。

永远将目标定得比现况高。不是说你从此都不能对你的成就感到满意。这不表示你应该贪心。不是的。其实恰恰相反，这表示你应该享受每一天，不要担忧。你不应该挂虑会失去你拥有的事物。你不应该为了保住你刚得到的一百万而发愁。你要做的是赚到那一百万，乐享赚钱及拥有这笔钱。但等实现了一百万的目标时，别把行为转换为操心怎样保住这笔钱。要设定新的较高目标，放眼新的目标，同时享受先前的成功，不为了守成而苦恼。无论如何，忧虑是傻事，会拖垮你的正是忧虑。

富裕意识和相关的全部活动是一种生活形态，不是偶尔为之的事。你的思想、存在、目标应该永远放在打造下一个更辉煌版本的你，而不是旧版的你。

——我是富裕。我是丰盛。我是喜乐。——

设定目标和愿景要小心。心，又称为潜意识，往往会先剔除愿景或目标宣言的否定用语，只接收并内化剩下的部分。例如，如果你的其中一个目标是不再迟缴任何账单，设定"我永远不会再迟缴账单"的目标宣言对你不利。其实，心只会接收"迟缴账单"，因为这句话一说出口就引发恐惧。将宣言改成："我的钱总是绰绰有余，可以用来投资，可以过我选择的生活，过着快意人生。"

——我是富裕。我是丰盛。我是喜乐。——

不做计划就是计划失败。做计划、设定目标、观想目标。精通这个技巧。

——我是富裕。我是丰盛。我是喜乐。——

目标永远要超出你的舒适区。如果你达成所有的目标，又没有设定新的较大目标，你便是停止成长。尽管你可能感觉很自在，但这可能很危险。你知道吗？多数人是在退休几个月内开始出现老年的相关症状和疾病的。他们透过退休向大脑和身体传达讯号，示意生命现在要收尾、抵达终点了，社会不再需要他们的服务，因此有些功能现在可以关闭。退休不是问题；问题出在大家接收的讯号。同样，退休不成问题，但要留意你发出的讯号。除非那就是你要的，否则缺乏目标对健康很危险。目标不见得要涉及金钱和事业。与赚钱或事业沾不上边儿但值得设定为目标的事情多到数不清，比方说运动、旅行、培养爱好之类的个人目标，还有环保、慈善事业之类的大目标。

——我是富裕。我是丰盛。我是喜乐。——

永远不必知道目标要如何达成。你做到你该做的，放手，目标便会达成。

——我是富裕。我是丰盛。我是喜乐。——

别活在偶然或弃权中。设计你的人生。要设计人生，就得透过目标、观想、想象、计划，这些全都要一致，而且天天做，要明确、精准，还要细腻。

第六章
目标：通往富裕以及抵达富裕后的路线图

————我是富裕。我是丰盛。我是喜乐。————

光订立目标并不够。设定目标有必须遵循的做法，才能以最顺应宇宙法则的方式，正确设定目标。以下是设定目标的正确步骤：

一、列出从现在到未来三十年内你想拥有、想做、想成为的一切。写下你想得到的每件事，大事小事全部都写，包括：想去的地方，想要的物品、住处、体验、伙伴，想学会的技能、要做的事、要结识的人，计划、慈善机构、健康、嗜好，统统写！这不是你认为自己办得到哪些事的清单。这份清单列举的是不论你认为自己办不办得到，什么样的事物能够给你最不可思议的人生？一个对你来说美妙到难以置信的人生。你的清单应该至少列出一百件事；为三十年拟定一百个愿望并不难。如果你希望变得非常富裕，列出大约五千件事，连跟你欲望相关的小细节都要列进去。

二、为你列出的每个目标，写下你希望拥有它们的原因。比如，如果你想要一栋大房子，写下理由。也就是说，你要大房子做什么？你要在里面做什么？加进情节。原因会使你的目标有力量，让目标容易想象、观想、实现。原因赋予目标生命，使潜意识容易接受你的目标。

三、从杂志、小册子、网络、照片等剪下你目标中的物品，粘贴在你的记事簿里。用纸张或计算机开始写目标与愿景日志。在里面放上你想要的那些东西的照片，不管是汽车、股票、建筑、船、土地、旅游地、服饰或任何东西。经常翻阅，建议最好一天两次。观想和想象越逼真、细腻，目标实现得越快、越精准到位。拥有图像在你的人生里很重要。

四、每天都看看你的清单、看看你的照片。然后一天两次，每次至少花二十分钟想象、赋予想象生命力、观想你所有目标的细节。非常推荐你常常静坐，在你静坐时也观想你的目标。静坐时，你最贴近本源，那是在无限可能性与创造的场域里植入观想种子的最佳地点。

五、然后，在此地、此刻做能带你接近目标的事。总有现在可以着手的事，不管这件事如何微小，都会为你开启下一步。在你采取第一步之前可能看不到下一步。每个行动都是自我定义及创造的行动。行动要慎重、要有觉知，让每个行动都带你走近你的目标，而不是渐行渐远。要意志坚定地行动。

六、做任何事时怀抱着感恩之心。思考、言谈、行动都要感恩。这份感恩来自你知道只要言行举止都符合这些宇宙法则，你保证会成功。感恩就是在声明你的笃定。这是力量。真心感恩，对于你的目标全部实现了而兴奋，因为依据宇宙法则，目标保证会实现。这一类的感恩可发挥奇效。

七、享受努力的果实。目标在你的实相里显化之后，就愉快地体验吧！目标绝对会实现，这是宇宙法则的保证。

——我是富裕。我是丰盛。我是喜乐。——

记录目标和观想的记事簿一定要容易携带。撰写只放在家里的记事簿没有意义。记事簿里面也应该记录重要的想法，包括体验和情况。记事应该多多益善，在每天结束之时或你方便的任何时刻写。记事簿对发掘并精准地创造自己极有帮助。别苦恼要用什么架构写你的记事簿，方便使用即可。

——我是富裕。我是丰盛。我是喜乐。——

在记事簿里也要写下你面临的问题。痛苦就是因为思想出了差错，等你看到情境（conditions）那一章就会明白。写下你的痛苦可帮助你清楚地评估它，发掘你的错误。

记得也写下你的感受。这很重要，因为真实的感受是灵魂跟你之间的沟通，灵魂是你最接近本源的一部分。不要把感受、情绪、思绪混为一谈；要小心分辨。

有了好点子和灵感就立刻记下来。在清醒的状态接收灵感的最佳时机，大概是早上初醒的时候。与其立刻扛起责任、规划你的一天，先窝在床上询问并思考一些你想了解的重要想法，你会得到清晰的答案。醒来时，趁着尚未全醒之际放轻松，轻轻地询问自己生命里最重要的问题，要柔和，别把自己吵到全醒。答案会神奇地降临，在这一天里透过前所未有的方式出现。当你开始练习本书的内容，点子会开始从看似巧合的各种来源，大量涌向你。

记事簿要摆在近身处。不要等晚一点再记录，现在就写，免得你淡忘或"丢掉"点子；也别忘了记录夜里的梦境，日后你会发现梦境很有用处，迟早而已。梦境不是在你睡眠时浮现的无用画面。人以为自己在一天之中清醒的时间是他们的"生活"时间，而将睡眠当成"休息"时间。他们以为自己的决定和有用的行动都是在清醒时完成的。其实，神奇的是，你、你的本我、灵魂、灵，随你高兴用哪个称呼，永不入眠。你的灵或灵魂或任何你喜欢用的称呼方式，永不沉睡。它只改变意识的状态、意识的维度。

你是多维的。清醒是一种状态或维度；睡眠跟梦境是另一种。还有很多种其他维度。这些都算数，都会影响你在清醒状态的生活。反之亦然。即使你不信，记住所有的思绪都算数；梦境是思绪，因此算数，当然会影响你生活里的事件。或者说，你从来不会真的睡着。你是有身体的灵魂，不是有灵魂的身体。你对这一点的觉知和觉醒的程度越高，你拥有的万有（All）越多。

——我是富裕。我是丰盛。我是喜乐。——

可用下列做法让你的记事簿更容易查阅：

- 用记事簿的不同部分记录不同类型的资料。
- 在记事簿的最后面制作索引。
- 用不同颜色的笔。
- 在想标记的页面贴标签。

或自创你喜欢的做法，只要容易查阅内容就行了。

——我是富裕。我是丰盛。我是喜乐。——

每个月最好回顾至少一次，重读你的记事簿，多看几遍更好。一年一次，重温全部的记事。重读的时候，你会突然以全新的角度看待自己的人生。你会看到自己有一些你从没想过自己办到了的成功；你会看到应该改变之处；你会看到要修正的错误。撰写记事就是为了回顾。这是促进你认识自己、目光清明、加速成长的大好机会。

——我是富裕。我是丰盛。我是喜乐。——

在用记事簿做记录时，写下确切的日期、时间、地点，这有助于追踪模式、趋势、比率。

——我是富裕。我是丰盛。我是喜乐。——

你每天在记事簿里记下的事件和体验越多，收获就越丰硕。

——我是富裕。我是丰盛。我是喜乐。——

养成随身携带记事簿的习惯。

——我是富裕。我是丰盛。我是喜乐。——

在写下跟提到你的目标时，使用现在时："我是……"

——我是富裕。我是丰盛。我是喜乐。——

"我是……""我是……"不论你接下来要在生活里创造什么，设法以"我是"的宣言来表达。比如，如果你希望减重，不要想或说"我会减掉10斤"或"我要减掉10斤"而要说、想、写"我现在是××斤"。财富也一样。在科学及灵性上，宇宙里唯一存在的时间是现在，因此要用"我是"。

——我是富裕。我是丰盛。我是喜乐。——

别担心目标怎么实现。天地间有各种强大的力量在运作，具有无限的智慧和协调性。人、书籍、地点、电视节目、电影等事物会开始出现，协助你达成目标。也就是说，"巧合"会发生。只要坚信不疑，观想你的目标。

——我是富裕。我是丰盛。我是喜乐。——

阻绝所有否定你目标的思绪。

——我是富裕。我是丰盛。我是喜乐。——

　　窍门在于细节与一致性。比如，假设你的一个目标是拥有新家，写下细节，写下这栋房子的地点、有几个房间、建地的面积、房子的尺寸、屋内的陈设等。然后按照这些细节观想。不要变卦，这非常重要。要明白宇宙会将你全部的思绪积极地显化为实体。你的每个思绪都会以某种方式，在某处转换成某种程度的实体形态。如果你变卦，就是在扯自己后腿。只管坚定想法直到完全实现就好。

——我是富裕。我是丰盛。我是喜乐。——

　　目标的实现日期最好设定在永恒的当下这一刻，即使你设定一个你希望从今天算起的十年之内实现的目标，在宣告目标及想到目标时都要用现在时。武断地订立一个未来的日期会引发匮乏和等候的状态。匮乏会阻挠目标实现。武断的目标日期，也会干扰你通常不会知情的宇宙自然运作速度。当你说"我会在明年年底成为百万富翁"，你怎么知道自己不能在下个月的月底如愿？总之，宇宙里唯一真实的时间和地点就是此刻、此地。

——我是富裕。我是丰盛。我是喜乐。——

　　要精确。精确地定义你的目标和愿景。

——我是富裕。我是丰盛。我是喜乐。——

　　如果你没有瞄准的目标，保证你不会得到任何明确的结果。仅仅有才华、聪明、勤奋而没有明确的目标，最后常会受到挫败。

——我是富裕。我是丰盛。我是喜乐。——

思想需要时间来显化为物质实相。多数人只想未来几个月的事。今天他们或许会想："我得赶快买房子。"然后为此觉得压力沉重，吃力地想达成目标。这是随便、短视的做法。试试长远的做法吧，想想提前三十年设定目标的力量。列出你接下来三十年想要的所有事物，天天观想，便能早早启动各种动力、思想及宇宙的力量。即使你现在不想买房子，但只要你知道有朝一日你会买或可能会想买房子，那么你最好现在就开始观想。思绪需要"时间"显化为物质实相，因此越早开始越好。然后生命会开始自动运作。你开始在没有压力、时间不紧迫的时候实现目标，事情会水到渠成。订立三十年的目标时要记住，尽管你认为自己在二十五年后才会需要某件事物，你仍应该以现在时订立这个目标，想的时候也用现在时，现在。"我是"，而不是"我将会"。宇宙会为你安排恰当的时机。

——我是富裕。我是丰盛。我是喜乐。——

如果你想确保自己能抵达目的地，一定要知道你想去哪里。否则，你就到不了那里。要有目标、计划、画面、愿景。用记事簿记录、追踪和改良目标。没有目标、计划、画面和愿景，你的成就会很有限，至少，你的成就会低于自己的实力。

——我是富裕。我是丰盛。我是喜乐。——

目标应该有几个？目标绝不会过多的。最富裕的人有几百个目标，有的人有几千个目标。有的人的目标多到要二三百年才显化得完。你应该以最少设定五千个目标为准。要了解原因，你必须明白目标的本质。

- 目标是心智的画面，宇宙运用心智的画面进行创造。因此目标越多，宇宙能够运用的素材就越多，对本源来说，没有什么事是不可能或困难的。

- 目标有在最出人意料的时间、以最令人惊奇的顺序"就这么成真了"的倾向。你的目标越多，生命体验越丰富。
- 当你达成一个目标时，这个目标的力量就消失了。你不再有动力，宇宙就没有任何可以运作的素材，因此目标越多越好。

有一个目标的人，其成就不如有一百个目标的人。有一百个目标的人，其成就不如有一千个目标的人。目标越少，成就越低。订立的目标越多，你得到的越多。

但是，哪来五千个目标？其实很简单。想一想你每一项欲望的细节和相关的每一件事。每一条都列出来，连小事也不放过，例如"花园里要种百合""为奶奶装潢房子""住丽思饭店""捐款给野生动物保护基金会""买一辆奔驰敞篷车、一辆吉普车、一架喷射飞机、一艘船""在我家客厅安装一个大水族箱""送父亲一组高尔夫球杆""买书给孤儿""去中国长城旅游""认识这些人""跟这些类型的人约会""跟这些群体并肩工作""买这种鞋子""穿这个设计师的服饰""拥有这家店的这一型椅子""穿这些滑雪靴""到这些国家的这些地方游览"，等等。在这个星球上，你想做、想成为、想看的事物绝不会枯竭！

你觉知到越多这些愿望，就会越常在生活里遇到实现你愿望的"巧合"。生命展现奇迹，而你满腔热情和兴奋。记住，富裕是展现于外的丰盛。再说一遍，富裕是展现于外的丰盛，转换为物质形象、显化。宇宙里只有丰盛，丰盛是你的真实本质，也是生命的本质。想到富裕时，不要只想到金钱和生意。想想每件事物，想想每一件你希望在人生里拥有、做到、成为、看到的事物，以及众生的生活——所有的生命。

最伟大的洞见就是：你只是一个观察者。生命独力滋养生命。总之，所有的一切都存在。你唯一要做的事就是观察并体验。试着了解这一点。你是一个有身体的观察者，你的身体让你可以体验你观察到的事物。你选

·

择要观察并体验的事物，会决定你观察并体验到哪些事物。一切都为你准备妥当，自动出现。因此要选择许多事物，你就会见识到许多事物。

你应该了解另一件关于目标和思想的事：你的目标源自你跟其余的人，反之亦然。打个比方说，当你想要一艘船，便会启发一个适合造船的人进入造船业，也会引发所有必要的事件，让中间人都扮演适当的角色，好让你得到那艘船，皆大欢喜。你认为是什么促成你手上这本为你写的书出现？说穿了就是你之前希望能够富裕、数十亿想要致富的其他人，以及我想要传播财富并致富的欲望，所带来的效果。是因为你想要一件事物被创造。没有你的欲望，没有半件事物会被创造，你欲求的所有事物都会被创造。如果说是你写了这本书，其实也是正确的说法。

生命滋养生命；你是一个有身体的观察者，你的身体让你可以体验你观察到的事物。就是这么回事。你观察你选择要观察的事物。你体验你选择要体验的事物，体验方式也是你选择的。你的目标越多，生命越能透过你来谋求众人的福祉。生命的终极目标是展现自己，毫不费力地遵循你的意图和信念，分毫不差。一旦认清这一点，你便会不带一丝怀疑地知道，你希望自己拥有的那些事物想要到你身边的愿望，比你想得到它们的心更强烈。生命只想要展现自己。因此，别害羞，要怀抱很多、很多目标！

——我是富裕。我是丰盛。我是喜乐。——

别犯下只用金钱订立目标的错。富裕是展现在外的丰盛。丰盛就是每件事物都很充足。金钱只是富裕的一个小层面。许多人在追求富裕时"失败"是因为他们只用金钱规划目标。他们会说"赚到买得起那辆车的钱""赚一百万元买房子"之类的话。这样的目标严重错误。另一个错是设定巨额的财务目标，其他目标却很少。有的人会订立"赚十亿元"之类的目标，但没有什么其他目标。为什么这两种都不对？要清楚明白这一点：生命是展现在外的心智画面。就这么简单。生命也很精准。你自动得到的金额，会刚刚好够你实现你心里最明确也最笃定的画面。或许你认为只能透过金钱得到你想要的某件事物，但生命知道还有很多其他的取得方式，用现金购买不是唯一的路。因此，如果你心里的其他目标和画面很少，如果你满脑子想的几乎都是钱，生命就没什么能够发挥的"材料"。

要解释这一点，我们可以打开一个人的心智来检验。现在想象有两个虚构的人物，约翰和玛丽，他们两人都希望致富。玛丽希望得到十亿元，她满脑子只有这件事。在检验时，她的其他心智画面寥寥无几。连跟她的公司或工作相关的画面或目标也稀稀拉拉，诸如顾客人数、质量、产品等。她生活中其他层面的画面和目标也少得可怜。玛丽只有一个强烈的愿望、欲望、目标，就是拥有十亿元。

好，约翰也希望致富，但他跟玛丽不一样，他在生活的各个方面都培养许多兴趣和欲望。检验时，他的心智里有其他事物的广泛鲜活画面。这些画面连小细节都很明确，诸如他想要拥有的服饰、要去旅游的地点、办公室的装潢、他希望客户能够得到的对待方式、他想要送给亲人及整个世界的礼物等。现在的问题，在其余情况都相同的情况下，你认为谁会变得比较富裕，而且发迹过程轻松很多，看似充满巧合又幸运？约翰，当然会比较富裕，也比较容易致富。

生命会确保你由衷相信且清晰的心智画面全部实现。想得到十亿元并没有问题，重点是你究竟如何观想那十亿！要知道，没有观想生活形态是许多人财务目标"失败"的原因。你很难在心里观想并维持十亿元的画面，但要观想拥有十亿元的生活形态跟公司就易如反掌！

你的财务生活和目标不要跟其余的生活切割，因为财务目标只是达成目的的手段，本身并不是目的。记住，金钱是价值的影子、交换的媒介。你的目标应该放在交换的价值上，而不是价值的影子——金钱。

——我是富裕。我是丰盛。我是喜乐。——

心智要处于本源、生命、神对你千依百顺、绝不拒绝你的状态。之后，唯一的问题是：你祈求些什么？你相信自己祈求的事物吗？别祈求一样东西，而是发出拥有的意图。因为你连祈求都还没提出，便已经给你了。不论你祈求什么，不论你诚挚且笃定地意图拥有什么，那样事物就会是你的。

——我是富裕。我是丰盛。我是喜乐。——

没有愿景，我们会灭亡。

——《圣经》箴言第二十九章第十八节

——我是富裕。我是丰盛。我是喜乐。——

人丧失富裕的一大原因是目标消失、画面消退。有时，这会发生在生命出现新局面的时候，于是你忘了当初令你富裕起来的热忱。这个新局面可能是小孩诞生、得到爱侣、获得舒适的生活——尤其如果你出身贫寒后来才发达的话。这些都不是"坏"事，但不妨知道并记住：假如你发现自己"走下坡路"，你可以重新检视目标和心智画面。这是厘清自己生命现况的强效起点，因为生命是展现在外的心智画面。

——我是富裕。我是丰盛。我是喜乐。——

大量涉猎各种主题的杂志。杂志给你点子、画面、目标、欲望等许多东西。你心里的画面越多，生活越多采多姿。

——我是富裕。我是丰盛。我是喜乐。——

在其余情况不变之下，一个人或社会越能正确地抱持正向且宏观的目标，越能富裕和快乐。

对于追求富裕的正确思考方式的介绍就到此结束。创造画面、思绪、目标并专注在其上时，有一套必须遵循的原则。然后，这些东西便一定会被纳入大局之中。实际上，思想在创造富裕的程序中是第二步，但常常是我们在创造富裕时最投入、最积极的一步。但千万、绝对不要忘记，思想只是创造富裕的第二步。永远记住这一点，这很重要。

那第一步是什么？是存在状态，是第一起因。存在状态引发思绪。思绪从存在状态中浮现。没有存在状态，思绪不会存在。下一章我们继续深入讨论。

07

存在状态：
第一起因——太初

存在（Being）是一种状态，就如同快乐是一种状态。状态不能言喻，不能做（do）出来。你只能是一个状态。你不能刻意快乐，你只能是幸福或快乐的。创造的方式如下：存在状态引发思绪，思绪引发言谈，言谈引发行动，行动则启动接收的系统，让你体验到你透过存在状态及思绪所创造的事物。存在状态是第一起因。我们来一步步拆解。

存在状态引发思绪。快乐时，你会有快乐的思绪。思绪从存在状态冒出来。也就是说，思绪受到存在状态的灌溉。其实，没有存在状态，凡事都不会发生。到了后续章节你就会知道，连情境也是存在状态引发的，这跟多数人的想法恰恰相反。快乐的情境不会令你快乐。快乐引发快乐的情境。不快乐的情境只是向你展示你先前就有的不快乐状态。等你读完因果和情境限制的章节，你会清楚看到原因。

体验庞大财富的第一步是处于富裕的状态。富裕是内在状态，与外在世界无关。内在的富裕状态是你现在做的一个决定，就在此刻，你成为富裕状态。你不需要任何外在的事物，就能做这个决定。一旦你决定要富裕，你便成为富裕。这难以言喻，因为你只能是一种状态（状态不是做出来的，也不是说出来的）。现在我们要试着谈谈关于存在状态的事，读完本章，你将会清楚知道存在状态的运作方式，以及如何现在就富裕。

成为富裕，就在此刻，就在此地，就这样。

成为富裕。别试图致富。成为富裕。为了协助你明白这一点，以快乐为例。别试图追求快乐，要快乐起来。看出来了吗？你要么做让你开心的事，要么立刻决定开心起来。只要做出决定。你以前就有经验了。每个人都说过："你知道吗？我不要为了这件事心烦。我要开心起来，停止担心。"哪个方法简单？是试图做点什么来追求某种状态，还是当下进入那种状态，由那种存在状态容许你去做符合那种状态的事？直接快乐起来，当然比试图追求快乐简单。富裕也一样。成为富裕。其余的一切会自动跟上，只要你时时刻刻始终都维持在富裕状态。只要单纯处于富裕状态。

——我是富裕。我是丰盛。我是喜乐。——

就像量子物理那一章，你会在全书反复看到所有可能存在的事物，都存在于永恒的此时此地这一刻。连正在体验富裕的富裕版的你也已经存在了。如果你现在没有体验到富裕，那你只是没有意识到富裕或向富裕觉醒。当你选择就在此刻、就在此地处于某个特定的存在状态，你便启动了最快速的创造力量。你的意识立刻移向另一个你（以本书来说，是富裕的你）。存在状态是创造事物最快的方式，因为存在状态可瞬间引发转变。你的状态变得有多不怀疑，物质的显化都会随即跟上。同样的，依你的状态变得有多不怀疑而定，你的实相会迅速转变来反映你的状态。现在你或许觉得不可能有这回事，但把宇宙的真正运作方式纳入考虑，一切就都说得通了，尤其在阅读量子物理和情境限制的章节后。

——我是富裕。我是丰盛。我是喜乐。——

最快速的创造方法，是在当下单纯地成为你想要创造的事物。之后不要以思绪否定它。别想它，只要成为它。之后，你全部的思绪、言语、行动都应该符合你选择成为的新状态。如果你不富裕，而你希望富裕起来，只要在现在决定从这一刻开始富裕——就从现在起。别去想它；只要选择成为它。之后，你的全部思绪、言谈、行动都应该符合富裕版的你。在终极实相（Ultimate Reality）里，这对你来说不是谎言，反正你实际上就是万物，但你可能只体验宇宙万物的一小部分而已。当你选择要成为其他事物，你就使自己的环境和情况出现变化，好让你体验你选择的新状态。

——我是富裕。我是丰盛。我是喜乐。——

记住，思绪来自存在状态。存在状态引发思绪。饥饿的状态引发饥饿的思绪。存在状态是第一起因。存在状态是自然存在的；思绪是作为。存在状态单纯地存在。存在状态不耗用时间，但思绪要花时间让事物实现。因此通往富裕最快的路就是成为富裕，就在现在，就在这个瞬间。将你的存在状态改成富裕的状态。做法是现在决定你是富裕的，并笃定地知道事实如此，不被你现实世界（反正这是幻象）里的任何"反证"动摇。笃定、明晰、维持那个存在状态。要知道自己是富裕的，在终极实相中，你的确非常富裕。你很快便会开始体验到这份富裕，确实很快。没多少人做得到这一点，因为他们怀疑这不是真的；但我们都有办到的能力。只要了然于心并且笃定地宣告"我是……"就好。之后不要再多想。多想只会造成延宕和怀疑。记得上一次你在破产或悲伤的状态吗？你没有刻意去想那个状态，质疑那是不是真的，怀疑你是不是真的破产或悲伤。你只是理所当然地认定自己处于那个状态；你毫不怀疑地相信事实如此。你就是那个状态，就这样。你单纯是那个状态。现在，试着将富裕视为理所当然。成为富裕，相信它，令事实如此。不质疑。宇宙将会顺从你。

——我是富裕。我是丰盛。我是喜乐。——

创造的顺序如下：

- 无形的整体意识场域（神、本源）将自己分割成无形的独立单位（各种存有和万物的个别灵或灵魂）。

- 这些单位出现个别的实质形体，比方说物体、人、我们看到的各种存有。

凡是你看得到实体的事物，都是一切万有的本源、神以本身为素材，按照这个顺序创造出来的。你是这个创造过程的共同创造者；你与本源按照这个顺序并肩创造。

因此，关于富裕这回事，你现在就知道查看自己个体化的物质层面（你的银行账户、你的物质财富、你的身体等），放任你看见的情况影响你个体化的无形层面（你的心智、思绪、存在状态），根本没有用。而检视结果、让结果影响起因，一样于事无补。这就像使系统短路，只会更加巩固你目前的实质状态。比方说，你从周遭环境看到自己破产，你让周遭事物向你宣告你是"破产"的存有，你持续从"破产"的立场思考，你想着"破产"的思绪和无能的思绪，你会持续破产。

重点是绝不要盯着地上，绝不要看着物质世界，让那决定你是谁。你不是你的情境；你不过是引发了情境。假如你破产，你该做的是只管选择最宏大版本的你、你富裕的愿景，维持那个存在状态及对富裕的想法，坚定且活在当下。举手投足要活像你是富裕的，别管你的物质世界看上去是什么境况，别管你的物质世界看上去怎么穷困。这将使物质世界反过来匹配你的思绪和存在状态。永远记住，物质会跟随灵及精神状态。宇宙的设计就是这样。

——我是富裕。我是丰盛。我是喜乐。——

在这个世界创造事物的一个方法是透过思绪、言语、行动，但这是慢速的法子。比较快的做法是改变个人状态，即存在状态。例如，当你说自己饿了的时候，饥饿是一种状态。你很自信，那也是一种状态。你只是持续一个存在状态。不需要任何外界的东西，就能处于某个状态。要取得富裕，一个效率高很多的方法是处于富裕的状态，让你的存在状态符合富裕的状态，要感受富裕，一思一言一举一动全是富裕。如果你觉得自己穷，然后在思绪、言谈、行为装出富裕的样子，你很难富裕起来。你的状态、你对自己的感受、你的存在状态、你的"我是"宣言——是取得富裕最快的捷径。改变你状态的方法是决定改变状态。简单得很。你现在就能做。这就像你处于不快乐的状态，然后单纯决定你厌倦了不快乐。于是，你干脆就决定要快乐。每个人都有这样的经验。现在把这套用到富裕上。

——我是富裕。我是丰盛。我是喜乐。——

期待自己体验盛大的成功！永远知悉自己拥有丰盛、体验丰盛的状态。这样的期待、这个层级的了然于心，可引发吸引力，排除阻力。这极其重要。期待盛大的成功。要知道自己的力量很强大。

——我是富裕。我是丰盛。我是喜乐。——

你可以记住过去、展望未来，但你只能在此地、此刻做你自己。你存在的状态只能存在于此地、此刻。存在、显化，只在此地此刻发生。数百万人在清醒的时刻里，其心智陷落在白日梦、担忧和其他与当下无关的思绪上。他们人是醒的，但对此地、此刻周遭的一切浑然不觉。醒醒吧，闻闻咖啡！这样单纯的觉醒，能在你的生命带来惊人的转变。试试看，致力于觉醒，一次一天。这个，再加上"我是"的现在时思绪及观想，是加速实现欲望的妙方。

——我是富裕。我是丰盛。我是喜乐。——

你是怎样的人，你的世界便会是怎样的样貌。宇宙万物都会纳入你自己的内在体验。你的外在有什么并不重要，因为一切都反映你自己的意识状态。你内在的样貌倒是兹事体大，因为外在的所有事物都是内在的反映，色调也跟内在相符。

——詹姆斯·艾伦[1]

——我是富裕。我是丰盛。我是喜乐。——

要在外界拥有富裕，就运用像本书这一类的书籍使你的内在富裕起来。想要十亿身价，便将你的画面和笃定度提升到符合十亿身价的程度，行动要笃定，将你的目标融入行动里。世界在你之内。除了你自己，没有任何人、事、物能拖慢你的脚步或使你变快。视你认识这一点的程度而定，你将改变你的世界。取得财富可能比你相信的容易很多。这很简单。取得财富最困难的部分是驯服你的心智，而心智完全由你自己控制。

——我是富裕。我是丰盛。我是喜乐。——

有人说，成功是你变了个人之后吸引来的。这个说法是对的。

——我是富裕。我是丰盛。我是喜乐。——

什么是存在状态？存在状态不是想出来、做出来或说出来的，只能体验。存在状态就是如是（Isness）；纯然存在。存在状态是意识。存在状态是超脱心智。其实，有时心智可以摧毁你想要的状态。存在状态是你选择要成为的那个状态，就在现在。不是以后，是现在。你一开始想着存在

---

1. 詹姆斯·艾伦（James Allen 1864-1912），英国哲学家、作家，其著《我的人生思考》（As a Man Thinketh）曾启发许多后世的心灵励志类书作者。

状态，存在状态就毁了。一旦你是一个状态，你就是那个状态。之后的任何思绪都不应该是你到底符合那个状态没有；心思应该只放在履行那个存在状态，好好去体验，别终止它。超脱心智通常是个好主意。要静定。

——我是富裕。我是丰盛。我是喜乐。——

思考有其重要性。思考是一项工具，就如同你的手臂和双腿。你不会时时刻刻使用双腿，只在必要时使用双腿。你的心智是强大的工具。心智使许多事物可以成真。但心智实在很强大，以致常常会反过来宰制你。你的心智应该只在必要时使用。只有10%的时候有必要使用心智。研究显示，我们约有90%的思绪是重复的。多数思绪是在担忧未来或回忆过去。这显然是多余的。唯一真实的时刻是现在。试图逃离当下，在我们的世界造成了许多压力、"失败"和麻烦。你在一整天里的正常状态应该是超脱心智的。你应该观照，不要想东想西。你应该观照你的心智。就跟观察外界事物一样，也开始观察你的思绪。如此，你便不再受心智的宰制。你停止认同心智，而认同你的本我，亦即那无所不知的状态。你开始活在当下，不再重温过往，或期待幻想中的未来。你的紧绷感消除了，成功绽放。

但是，如果你察觉自己又被心智骑到头上，别批判它或咒骂它，只要学会正确的操作方法，心智是很巧妙的工具。你已经会运用心智了。将心智只用在发出意图、为恰当的画面注入生命力，好把新的体验带进现在这一刻，以及处理当下这一刻在你生活里的事物（不是五分钟后，是当下这一刻）。你会开始察觉在当下这一刻，根本没有任何问题。你会碰到事件，而不是问题。问题存在于你的心智、你的思绪里。至于事件，就是发生的事，而且一发生就变了。事实上，现在发生的许多事件以及事件持续存在，就是心智造成的。如果你生活里有问题，这些问题全是想象出来的，而且位于"未来"。既然你读这本书的时候还活着，你就知道自己总是平安度过现在这一刻，从无例外。既然你在这里读这些内容，你就不曾在现在这一刻落败；你始终都能成功度过当下这一刻，不会失败。即使是许多人最恐惧的死亡，也不成问题。知道死亡真相的人，也知道死亡不是问题；因此，他们不会畏惧死亡。在当下的任何事物都不是问题。

当下的任何事物都不是问题；你天生就能好好地活在当下。但一旦你开始担忧未来，认同你的心智，而不是运用心智，问题就来了。记住，未来不存在。未来在你的心里。即使你在思考未来，你也是在当下思考。当你真的抵达未来时，你是在当下抵达的，不是在那时候。当你真的面对你的未来，那仍然会是在当下。

观照你的想法。你不是你的心智。心智是强大而巧妙的工具，但绝对不要认同它。运用心智以正确的方法思考，不用的时候就关闭。真相是，多数时候不需要动用心智。想想看，你遇到过全然出乎意料的生死攸关的时刻吗？当时发生什么事？

你的心智或许做了点什么，但大致上是关闭的。你的本我、存在状态接掌局面，以最高妙的方式处理情况。真的遇到危急关头时，心智无暇思考，你通常就会临在当下，当你临在当下时，问题就不存在。事实上，你会变得极度冷静。现在好消息来了，你不必遇到紧急事件，也能撷取那冷静的超级智慧。你可以学会停留在那个状态，随时都临在当下。那便是真正的存在状态。存在状态是超脱心智的。存在状态就是如是、临在、觉知、觉察、当下。

——我是富裕。我是丰盛。我是喜乐。——

你的思绪、言语、行为反映你的觉知、你的意识、你的存在。改变存在状态，你就改变你的世界。改变存在状态有两个方式。一是单纯地选择就在当下，成为你想要的状态，并维持那个意图；另一个方式是假装自己已经是你选择成为的状态。行动时，假装是在那个状态。说话时，假装是在那个状态。思考时，假装是在那个状态。迟早，你的存在状态会跟上。

———**我是富裕。我是丰盛。我是喜乐。**———

"我是……"是效力强大的话。小心你在后面接着说了什么。你宣称
自己是什么事物，什么事物自有办法找上你、成为你。

———季索曼（A. L. Kitselman）[1]

———**我是富裕。我是丰盛。我是喜乐。**———

**在其余情况不变之下，一个人或社会越能正确地维持正向且宏大的存
在状态，越能富裕和快乐。**

想一想你刚看过的有关存在状态的内容。要消化的内容很多，但要做到
很容易。只要你有心，像个孩子似的乐于学习世界上的新事物并且相信这些
事物，你就会发现存在状态很容易懂也很容易改变。你越是愿意像个孩子一
样，基于种种原因去简化、去实际执行，就越能明白并内化这一章。

刚看完的内容不太懂也别担心。有些内容的意义、真正的意义，只
有看完全书才会清楚。这些概念可以用其他概念解释。关于情境限制、本
我、一、因果、时间、量子物理的章节特别能加深你对存在状态的认识，
以及存在状态的真正运作方式。不过，现在我们先进入创造的下一阶段。

存在状态是第一步、第一起因。之后是思绪，再之后是言语和撰述
（文字），再之后是行动。言谈要符合你的思想。我们没有另辟专章讨论
言语，因为言语只是表露于外的思绪。只要看看关于思绪的内容，套用到
言语上即可。不要因为我们没有另辟专章讨论言语，就以为言语不重要。
言语很重要；言语是表达于外的思绪，对创造的影响力极大。

现在该来谈谈行动——接收富裕之礼的正确方式。

---

1. 季索曼（A. L. Kitselman 1914-1980），美国数学家、科学家、心理学家，
认知疗法（cognitive therapy）领域的先驱人物。

08

第八章

行动：

接收的管道

　　我曾经梦见自己坐在一张小凳子上面，有个非常和蔼、精神抖擞的老人坐在比较高的凳子上教导我。他说："你不能靠行动操控这个世界。只能透过'道'（the Word）。"之后梦就结束了。我差不多经过两年才彻底明白梦的意思。如今我对这个概念已经够通透，足以实际应用了。经由经验、试验、大量阅读，当中的道理终于一清二楚。

　　这个梦其实有两个意义。以下是第一个。

　　行动是创造过程的最后一个组成部分。这有点像游泳竞赛。如果你只懂得在水里用力地游动，很勉强地从游泳池的一端游到另一端，你赢不了奥运比赛。你在行动，非常奋力地行动。没人会挑剔你游得不卖力。你的努力程度可以拿满分，绝对没问题。不过赢得金牌的人是在灵上做好准备的人。他们的存在状态已经准备好了。他们自信、积极、专注。他们的心智也做好了准备。他们的技巧也做好了准备。他们精力饱满而警醒，诸如此类。泳池里的行动是他们获胜的全部因素里最引人注目的一部分，却是他们创造金牌冲刺的最后一部分。

　　虽然你未必知道，但在你的人生中，你最先是在本我、灵、存在状态里创造你的体验，之后是透过心智，然后透过言语，最后才透过行动。创造的程序始于存在状态，之后是思绪，之后是言谈，之后是行动。事实上，行动只是启动接收的机制，让你体验你以存在状态、思绪、言谈创造的事物。

　　多数人并不专注于灌溉、照料创造的前三个步骤，亦即存在状态、思

·

绪、言谈；他们整天只发狂地工作，纳闷他们为什么没"成功"。他们没有运用"道"。"道"是宇宙法则，是宇宙运作的方式，各个层次一体适用，不只局限在肉眼可见、有形的世界。这些法则不是神下达的戒律，而只是规范宇宙、使宇宙得以运作的法则。这些法则不只是灵性法则，也是可以用量子物理学证明的科学事实。道，或说这些法则，无关乎特定宗教或人或哲理。宇宙法则随时都一体适用在所有的人、事、物之上，始终如一，从不出错。这是指因果律那样的法则，因果律在灵性教导中称为业力或果报，或是科学上的能量守恒定律。

行动是道，是宇宙法则的一部分，但也只是一个小组件。务必要了解行动的作用，以及如何用行动创造富裕或任何事物。行动很重要，这毋庸置疑，但你务必明白行动是最后一步。行动的作用是接收你已在其他三个层次创造的事物。你创造；然后接收你的创造成果；然后体验。行动是为了接收和体验。你创造一门生意，是先在你的本我、你的存在状态创造，之后在思绪和言语上创造，然后你采取行动来启动接收的机制，接收显化了的实际生意，好让你能体验。明白了吗？行动不会创造。行动只让你接收并体验。

事实上，即使是说到了体验，你的行动不会创造体验，心智才会。行动只是协助你的心智"做"这件事，然后你的心智决定：我的体验会是正面的，还是负面的？是欣喜的？是恐惧的？是快抑或是慢？

现在来看我梦境的第二个意义。这部分实际上甚至凌驾宇宙法则的创建。在这些法则甚至还不存在时，有个起源。在此我只做简要介绍。在任何事物被创造出来之前——什么都不存在时——只有无限的虚无（《圣经》中称之为黑暗），一个有无限潜力的场域，一个无物（No Thing）的场域。在无物之中，万物不生，同时有个东西出现了。即使是空无，也需要一个容器、一个发源者，那个发源者就是无物，亦即无限的恒久虚无（Infinite Eternal Void）。在那片无限的虚无中，在那未受扰动的无限祥宁中，出现的第一样事物是一个振动。一次振动。基于我们不知道的原因，那片虚无里有个东西觉醒了，首先是一次小小的振动。然后又发生一次。再一次，规模递增，激发下一次振动，反复出现。

太初有道，亦即振动，一个无限小的粒子。一份觉知、意识、创造。它越渐增长，越渐明亮、清晰，在虚无中透过意图开始创造更多像它一样的东西，扩展自己。长长久久。尽管它们都是平等的，后来者永远跟那原初（First One）一脉相承，并受到原初的滋养。原初永远是普世之神（Universal God）。太初有道，亦即振动。道与神同在，道就是神。这便是创造的运作方式，没有其他的创造方法。因此，也适用在你身上，因为你是起源的延展，你的本我、你的灵、你的灵魂是依据起源的形象和特质打造的。

那这一套究竟是怎么运作的？再重读一遍吧。然后记住我们学过的全部量子物理学内容。创造任何事物的第一步是你的振动。记住所有的事物都会振动，我们便是透过振动来协调并吸引体验到我们身边。意识或可说是一种振动。快乐的情境会出现是因为你很快乐，而不是反过来。富裕降临在你身上是因为你的富裕意识。因此在你行动或做任何事之前，先问自己："我要发出怎样的振动？"要怎么判断自己的振动？看自己的感觉就知道了。你的感觉披露了你的振动。因此，你对金钱有什么感觉？你的感觉决定了你会吸引到什么事物。你就像一台有频率调整钮的巨型收音机，只要将你的感受调整为相符的频率，你就可以对准任何体验。行动是必要的步骤，却是最后一步。以行动来启动创造的效果并不好，因为负责发起创造的是存在状态，以及之后的思绪。

明白这些道理以后，你就不会在泳池里哗啦啦地游动了。

永远仔细做好每一件事。做事永远要专注，做出优异的价值。不管看来如何微小的行动，一律要做好，即使最小的行动也潜力无穷，说不定会是为你开启下一个重大机会的起因。在这个宇宙里，每件事绝对都是另一件事的起因，同时又是别的事所引发的。即使是最不起眼的行动，都可能使先前隐而未现的大事发生，以满足你的需求。连一个微笑或优质的服务这样的小行动，都可能是建立一段感情的起因，开启你以前认定不可能的机会。

·

——我是富裕。我是丰盛。我是喜乐。——

不行动，点子就一文不值。

——我是富裕。我是丰盛。我是喜乐。——

行动让你可以接收基于你的意图而送来给你的事物。意图启动了创造富裕的过程；行动则让你可以接收创造之物。要行动。

——我是富裕。我是丰盛。我是喜乐。——

即使是最微小的行动，都可能是让你迈向庞大富裕的临门一脚。每件事都会起作用；每个行动都有影响力，每个行动都定义了你的下一个世界。宇宙是浩大的连锁反应。

——我是富裕。我是丰盛。我是喜乐。——

凡事都不要只是试试看。要做就来真的，不然就不做，但绝不要只是试试看。要么你着手去做一件事，要么不做，但千万不要只是试试看。如果你尝试去做一件事，宇宙会试着给你一个结果。但如果你做事的时候决心贯彻始终（不是"不见得做得到"，而是"一定会做到"），宇宙会尊敬你的决心，并兑现你的目标。

——我是富裕。我是丰盛。我是喜乐。——

你知道怎么做到你目前没在做的事。如果你年收入十万，你知道怎样做能变成一百万。只要你坐下来仔细思考，你会发现自己有一些计划、一些线索，让你可以实现百万年薪的目标，最低限度可以让你走上收入水平比较高的路。也就是说，你绝对没办法摸着良心说："我不知道应该从哪里着手提高收入。"那不可能。最低限度，你会有关于第一步的线索，即便线索再细小，这样就够让你从起点出发了。其余的线索会在你前进时自动出现。但如果你不回应第一个线索、踏出第一步，绝对到不了下一步。现在就填补中间的缺口，去做你知道该做的第一步，现在就做，现在就开始，做就对了。下一步会在你踏出第一步之后变清楚，引领你前进。

——我是富裕。我是丰盛。我是喜乐。——

如果你的公司不完美，别等着它变完美。从你目前的公司开始着手，渐渐转换为你希望拥有的公司。关于地点、知识等各种事物都一样。现在就开始；别等到状况"一片大好"才行动。

——我是富裕。我是丰盛。我是喜乐。——

停止反应，开始创造。

——我是富裕。我是丰盛。我是喜乐。——

要像是那么一回事。行动时，要像你已经是自己想要当的那个人。行动时，要像你不可能达不到你期望的目标。

——我是富裕。我是丰盛。我是喜乐。——

把握机会，机会便会增多。

——孙子

——我是富裕。我是丰盛。我是喜乐。——

善用现在最容易到手的机会，这将会揭开先前隐而未现的路径，给你更多机会。根据因果律，善用最近水楼台的机会，将会使之前你接触不到的许多机会向你敞开。

——我是富裕。我是丰盛。我是喜乐。——

在其余情况不变之下，一个人或社会越能正确地采取正向且宏大的行动，越能富裕和快乐。

看得出来，行动不难。其实，行动是创造最容易的一部分。以前，行动一直受到过度重视，但现在你知道行动是一套极其庞大系统的最后一步。单单是这一点，即忽略行动之前的步骤，就很容易看出为什么那么多人的富裕和快乐程度低于他们的期望。现在你知道原因了。

但永远记住，行动在创造的环节里是很重要的一环，尽管不是在环节的起头。现在可别因此忽视行动。前往富裕快乐的路是完美平衡的路。平衡你的身、心、灵。你分配给存在状态、思绪、言谈、行动的时间及比重都要平均，比方说，别整天忙着行动，而忽略思绪跟观想。你也不应该把时间都用来灌溉灵，忽略行动跟其余的事。那不只自私，也会使你无法完成创造的循环。

现在你的创造工具都齐备了，我们来讨论能让这套工具发挥作用的燃料。创造的工具就只是工具。工具需要最后一项要素才能运作，这项要素的威力惊人，其他力量都无法匹敌。

09

笃定：

最强大的力量及对治失败的解药

笃定、信心、信念，是创造富裕或任何事物的必要条件。有这种态度，宇宙才能执行你要它做的事。要知道，你不笃定就不能变成一个状态，要变也变不了。你不确定自己是快乐的，你就不可能是快乐的。不笃定也不能创造目标，不只是精确度有待商榷，要显化为实相也会成问题。不笃定的话，连言语和行动都没有力量。

自古以来，许多宗教的师父都教导我们要有信心、要笃定。这不是新的概念。但现在你会懂他们为何总是这样提点，明白怎样创造并扩展你的信心，因为对许多人来说，到目前为止，信心始终是难以捉摸的东西。

往下看的时候要记住，信心很近似于状态，或者说存在状态。信心不是说说就有，也装不来。你只能是充满信心、是笃定的。要做到这一点，只要决定你要变得笃定，就这样，别让其他自相矛盾的想法冒出来。我们越往下谈，这一点会越来越容易、明晰。

得到信心的最后一步是了解宇宙的运作方式。在其他章节（量子物理、时间、因果），你会看到宇宙如何运作，这会给你信心，因为你会确切地知道世事背后的成因。一旦你明白整套运作机制，你就会相信。

端视你笃定的程度而定，凡事都有可能。

视你有多少信心、思绪多清晰而定，事情或许有可能成，或许不可能成。但在实际上，没有不可能的事。

——我是富裕。我是丰盛。我是喜乐。——

相信。其实，是要笃定。

——我是富裕。我是丰盛。我是喜乐。——

　　坚持生信心。你可以透过坚持不懈，提高信心。有了信心，就能坚持下去。当你坚持不懈，即使在看似应该放弃的时候，你也能提升对得到结果、实现目标的信心。这是你有意识的决定，因为信心可以让你坚持下去。这是紧密相依的循环。要是你坚持不懈，却不断告诉自己事情没有转机，你不会有多大成就。坚持不懈是踩在信心前方的一小步，因为你可以利用坚持来建立信心。但你坚持不懈所采取的每一步，都必须紧跟着以信心踏出的每一步。坚持不懈值回票价，确实如此。没有完全不可能的事。

——我是富裕。我是丰盛。我是喜乐。——

　　怀疑和恐惧的想法要全部舍弃。千万不要怀有这些想法，连一时半刻都不要。要保持警觉，观照、觉知到自己的思绪，你只要决定这样做就行了。一逮到自己在怀疑或恐惧，就当场阻断这些想法；不放纵念头持续发展。不要鼓吹这些念头，但也不要抗拒。你要警醒地观照这些想法，保持超然，就像事不关己的旁观者。认清这些思绪的本质、思绪的来源、为何出现这些思绪，以及思绪持续了多久。你这样观察思绪，就能潜进思绪的内幕，发掘思绪的起因及其黑暗的源头。你会将光明带进这些思绪，直到这些思绪消亡。

——我是富裕。我是丰盛。我是喜乐。——

113

怀疑和恐惧是你的梦想与愿景的唯一敌人。

——我是富裕。我是丰盛。我是喜乐。——

笃定。即使面对反证，保持笃定，要相信，要有信心。

——我是富裕。我是丰盛。我是喜乐。——

你若能信，在信的人，凡事都能。

——耶稣，《马可福音》第九章第二十三节

——我是富裕。我是丰盛。我是喜乐。——

自信。笃定。自始至终都由衷相信，毫不质疑。在神的世界里，笃定
是唯一得到认可的行事标准。这是造就奇迹的素材。这股力量可以移山。

——我是富裕。我是丰盛。我是喜乐。——

怀疑、困惑、恐惧、忧虑的部分根源，是一个人不确切知道自己希望
变成什么样子、拥有什么。

——我是富裕。我是丰盛。我是喜乐。——

你在此刻、此地拥有的机会和能力，是庞大且不可计量的，也就是
说，是取之不竭的。你唯一真正的限制是你的信念。

——我是富裕。我是丰盛。我是喜乐。——

·

你相信的事，便会得到成全。其实，不是神奖赏有信心的人。实际情况是宇宙会根据接收到的信息和这份信息的笃定程度，搬移自己的建材，也就是量子粒子。这符合科学和灵性的说法。

——我是富裕。我是丰盛。我是喜乐。——

恐惧是看似真实的虚假证据。实际上，根本没有需要畏惧的事物，因为你的本我拥有一切，而且无法摧毁。你的本我是设计成不虞匮乏的，一切本已俱足。本我也是不能摧毁的。然而本我是随着许多幻象一起显化在地球上，人生在世的目标之一就是克服这些幻象。其中一个幻象就是丰盛不存在。但我们从科学上（多亏了量子物理学）及灵性上（自古以来的宗师们一直这么教导我们）知道，丰盛是唯一存在的事物。只要你察觉自己有所畏惧，就要知道那是幻象，要找出绊住你的幻象是什么。实际上，根本没有什么好怕的。

——我是富裕。我是丰盛。我是喜乐。——

破产是一时的。破产会带来庞大的教诲和机会，引发正向的转变。不要怕破产。破产不是必要的，但如果你破产了，不要担心。从中寻找教诲和机会。畏惧破产是恶疾。这种恶疾带走了成长的机会，阻挠大家尝试新事物，还让人一直担忧。恐惧也会将你畏惧的事物吸引来，对贫穷的恐惧创造了贫穷。但除了恐惧本身，根本没什么好怕的。

——我是富裕。我是丰盛。我是喜乐。——

你最不甘愿放手的时候，通常就是放手的最佳时机。

——我是富裕。我是丰盛。我是喜乐。——

要有信心、信念，了然于心且万分笃定。你举起一杯水来喝的时候，你毫不怀疑自己能够拿起水来喝。你想都没想过自己未必能喝到这杯水。你笃定地拿水来喝。你对自己、对宇宙法则、对本源永远完美运作的能力，就应该要有这个程度的信心、信念和笃定。对于早在你祈求之前，你便已收到祈求之物的事实，对于你拥有一切的事实，这就是你应有的笃定程度。如果你认为自己没有某样事物，就做决定吧，现在就决定你拥有这件事物，你就会如愿。别说："但我就是没有啊。"不要否定。假以时日，这会成为你的第二天性。在那之前，尽你所能不去想自己不能拥有。留意你的心智。你可以透过练习得到信心。但直接决定自己已经拥有，会是比较快捷的做法。怎么做？决定就行了。

——我是富裕。我是丰盛。我是喜乐。——

信心、信念、笃定应该要有多少才够？应该要到了然于心的等级。你内心必须知道那是真的，一如你知道自己今天起床了或你稍早喝过一杯水。在那个层级，你很清楚一件事是真的，而且将会实现，即使看到现实世界出现反证，你的内心依然笃定事实如此。

——我是富裕。我是丰盛。我是喜乐。——

了解怎样让凡事都称心如意的铁三角：

- 凡祈求的，就给你们；
- 寻找，就寻见；
- 叩门，就给你们开门。

但如果要让这一套铁三角能够运作，就得有一项催化剂——信念，因为信念使凡事都成为可能。这些承诺不是空话，也不是好人专属的反馈，而是整个宇宙从不失误、毫无例外的运作方式。这套铁三角及其催化剂也可以这样写：有欲望、有意图，就一定能够拥有。追求真相与知识，就一定会知道你想知道的事。你的成长并没有真正的极限，因为你可以随心所欲地体验自己所做的选择。但你一定要很确定这些说法是真的，因为如果你相信这些说法不是真的，或只有一部分是真的，或有时是真的，那你得到的结果便会是如此。

——我是富裕。我是丰盛。我是喜乐。——

怀疑的时候，透过行动建立信念。如果没有自信，就装出有自信的样子，迟早会因此而建立自信。对你没有信心的每件事物都如法炮制，你有自信的事物便会增加，遍及越来越广的生活层面。

——我是富裕。我是丰盛。我是喜乐。——

坚持不懈值回票价，真的。坚持也能使你变得坚强，并强化你的信念。坚持，坚持。但在坚持之际，容许事情发生，容许生命转圜。不要担忧。保持超然。

——我是富裕。我是丰盛。我是喜乐。——

不确切知道自己想要拥有什么，是造成怀疑与不信的主因。

——我是富裕。我是丰盛。我是喜乐。——

信心是为意念振动赋予生命力、活力、行动力的永恒生命源泉！信心是积聚一切富裕的起点！信心是所有奇迹、所有奥秘的基础，无法以科学的规则分析！信心是对治失败唯一已知的解药！

——拿破仑·希尔

——我是富裕。我是丰盛。我是喜乐。——

你可以透过思想和言谈给自己信心。就在现在，老是担心个不停的人正以思想和言谈让自己充满疑虑。要创造信心，就一而再，再而三地向自己重申正向的肯定句——每天、一整天——你的潜意识迟早会买单的。

——我是富裕。我是丰盛。我是喜乐。——

恐惧是看似真实的虚假证据。向来如此。恐惧不是你的自然状态。本源与你的本我的天生状态是大无畏的，因为没有任何事物可以威胁到本我，本我也不缺乏任何事物。只要你感到恐惧，便直视恐惧，找出虚假的证据，且绝对找得到的。

——我是富裕。我是丰盛。我是喜乐。——

绝不要担忧。担忧是恐惧，恐惧是看似真实的虚假证据，会将画面放进你的心智里。生命是展现在外的心智画面。担忧和恐惧将负面的画面放进你的心智里，创造出你担忧、恐惧的事物，也就是在你眼中变得真实的假象，若是假象持久不退，迟早会显化为实相。

——我是富裕。我是丰盛。我是喜乐。——

担忧就是缺少在一个特定情况里所需的全部事实，也是不笃定或一时之间不能笃定。那是用错地方的、白白浪费掉的能量。

——我是富裕。我是丰盛。我是喜乐。——

平息恐惧和担忧的最佳方式是好好面对，彻底分析；细细拆解，找出虚假证据的所在位置。要有觉察力，不断提升对微小细节的觉知。如此你可以发掘真相，真相可消除恐惧，同时提高你的自信。

——我是富裕。我是丰盛。我是喜乐。——

确实地观察什么行得通、什么行不通，观察到行得通的事就予以实践，活出真相。观察真相；知道真相；思考真相；说出真相；活出真相。这促使结果早日出现，并杜绝恐惧。

——我是富裕。我是丰盛。我是喜乐。——

你现在知道宇宙法则从不犯错，你会从后续章节学到更多宇宙的法则。你知道依据这些法则，当你提供了细腻、清晰、始终如一的画面和意图，加上笃定和行动作为助力，就能保证你得到精确的结果。你知道这些法则是配合你无法预知的无限智慧运作的。你知道绝对不要只看现状，任凭现状左右你的思绪，因为是思绪创造你的现实世界。既然如此，你究竟为什么要担忧？重看这些话，慢慢看，一句一句地看。你会看到根本没有担心的理由。

- 早在问题根本没发生之前，问题便已经解决了。
- 在你祈求之前，一切便给你了。
- 任何可能存在的事物都已经存在了，现在就存在，包括所有的潜在

"问题"及其解决之道。你所做的只是做出选择，将意识转移到体验
的部分而已。

- 促使你自我进化的最大教诲和机会，来自你最痛苦的时候（因为痛苦
  就表示你有错误的想法）。这时候，你只要从中学习，瞧瞧出错的想
  法是什么。一旦修正了想法，你会大丰收。

你何必担心呢？根本没必要！宇宙从不犯错。混乱只存在于我们的心
智，那不是宇宙的特质。同样的，既然宇宙有固定的运作法则，法则又从
不出错，那你学会了法则以后善加运用，还担忧个什么劲？毕竟，你可以
依据你运用的法则预测结果。担忧只会将你担忧的事吸引过来。担忧是一
种自我实现的预言。

——我是富裕。我是丰盛。我是喜乐。——

我实在告诉你们，无论任何人对这座山说："你挪开此地，投在海
里。"他若心里不疑惑，只信他所说的必成，就必给他成了。

——耶稣，《马可福音》第十一章二十三节

——我是富裕。我是丰盛。我是喜乐。——

凡是你相信的事物，你就做得到。只要你相信自己会得到你想要的事
物，你就会得到。也就是说，你总是会得到自己由衷相信的事物。想想看
吧。你总是会得到自己由衷相信的事物，视你相信的程度而定。这条规则
颠扑不破。

——我是富裕。我是丰盛。我是喜乐。——

·

在其余情况不变之下，一个人或社会越能正确地采取既正向又非常笃定的态度，越能富裕和快乐。

现在你知道创造的工具和赋予这些工具生命力的动能。永远停驻在笃定的状态，谢绝处于跟笃定不相符的状态，不去想跟信念背道而驰的思绪。现在，该来讨论宇宙较高层次的运作机制——供你运用创造工具及笃定的"场域"（fields）和宇宙定律。首先是因果律。这是一个美丽的承诺，你做的每件事效果都是有保证的，让你可以厘清自己世界里每件事的起因。你一向都想知道为什么事情会发生，以及怎样让事情发生。想知道当中的道理，第一步是学习因果律，以便认识关于情境和限制的真相。我们先看你的周遭事物及你的体验背后的道理。

10

第十章

因果律：

宇宙的主要法则

　　因果律是宇宙最重要的法则，也是富裕意识的关键。如果你按照因果律去生活，不可能富裕不了。了解因果律，在生活里予以遵循，保证可以引发你想要体验的事件。你可以预测结果，并厘清造成你处境的成因。只要精通因果律，并阅读有关情境和成功的章节，你就在富裕、快乐之路上前进一大段了。当你为创造的工具注入信心的能量，并正确地套用因果律，就会创造出富裕。

　　因果律是主宰宇宙的主要法则，而且是天字第一号法则。每位灵性及科学的导师都设法教导因果律，只是他们的解释方法不尽相同：种瓜得瓜种豆得豆，或付出什么就会得到什么，或一报还一报，或业力，或后果，或每个行动都会带来一个反应，还有许多其他类似的说法。而现在，量子物理学教导我们在次原子层次上，这个道理的精确运作方式。

　　以下是我们现在发现的事：因果律是加倍奉还的！也就是说，你给别人什么经历，有朝一日你也会亲身体验一样或类似的情境，而且你得到的是原先给人的好几倍！

　　假如你让别人体验到富裕和快乐，那便会返回你身上，给你相同的体验。而且你体验到的会比你让别人体验到的多很多。生命关乎成长。任何想象得到的体验都是如此。在复杂的时空连续统的某个点上，在人生某个时候，依据宇宙的律法，你让别人体验到的事物将以倍数返回给你体验。凡事都逃不过因果律。即使以你当下受限的五种肉体感官看不出因果律在哪里发生。你要知道因果律正在运作，并利用它创造庞大的富裕。

现在，科学家同意任何事物一旦被人观察，就会受到观察者的影响。其实，科学家归纳出连实验也必须采用双盲形式，测试结果才会比较精准，因为他们自己的期待会影响实验的结果。然而，即使是严苛的双盲实验也不会是完全独立的实验，因为被观察的事物，是由观察者创造及再创造的。科学证据，尤其是量子物理学，显示你在自己的世界里看见的一切都是因你而起的。

——我是富裕。我是丰盛。我是喜乐。——

使别人体验大量富裕、大幅拓展他们的富裕意识，你也将大量体验到富裕。看看今天的生活。任何使人提高生产力、促进连接的生意，总会成为自给自足的大生意。这些生意或许不尽完美，却会是大生意，而且可自给自足。软件、网络、运输、电子及其他类似的产业都改善了人类的生产力和生活水平，产业也得到逐渐壮大的反馈。但这还只是皮毛。当我们开始建立刻意付出而非收取的生意——也就是有心使人富裕的企业，更美妙的事物会降临在我们身上。未来的产业将会致力于创造真正的成长，而不是会在别处造成严重副作用的成长。这些行业将会提升大众的生活水平，也会提升他们的意识和安康。你越让别人拥有富裕，你拥有的富裕也会越多，而且不费吹灰之力。

——我是富裕。我是丰盛。我是喜乐。——

不论你希望得到什么，就先给人什么。这是最快的捷径。不论你希望拥有什么，就先使别人拥有这样事物。

——我是富裕。我是丰盛。我是喜乐。——

种瓜得瓜，业力，因果律。这条法则从不疏漏，既然你迟早会采收你当初播下的种子，栽种优质的种子永远对你最有利。除非你希望有朝一日受到不公正的对待，否则对人就不要不公正。怨恨、嫉妒、贪婪、怒气全都是引发负面情境和痛苦的负面情绪和行动，那种负面思想需要修正。永远记住整个宇宙系统是一体的，是"一"，只是看似分离罢了。你会在阅读本书的过程中，看出事实如此。你对别人做的事，终究会回到自己身上。

——我是富裕。我是丰盛。我是喜乐。——

了解思想的因果之力以后，你检视一下自己现在的想法，你就能精确地预测未来。幸好，我们拥有改变思想、扭转未来的力量。

——我是富裕。我是丰盛。我是喜乐。——

因果，业力，种瓜得瓜。多年来，我们听过各门各派这么主张，而他们说得没错。这条法则运行不辍，我们许多的痛苦和贫穷，都是忽视这条法则造成的结果。这太简单了，只要对自己所处的状态、作为、思想、言语保持慎重、深思熟虑。知道每件事物都是有影响力的起因，然后问自己："以我现在的状态、思想、言谈、作为，大概会带来什么影响？"这个问题的答案就是你日后要面对的后果。因此，如果你造成另一个人的痛苦，这痛苦会在你生命的某个点上回归到你身上。由于忽视这条法则，人类吃了很多苦头。遵循这条法则也招徕许多繁盛。没有神秘的外来力量随意害你承受莫名其妙的痛苦。没有运气差这回事。每件事的根源都在你的内在以及你的家庭、公司、社区、国家及世界的集体自我。每一种存在状态、思想、言语、行动都是由之前的某件事物引起的，并且继而引发后续的事物。当你向这个事实觉醒，问自己："是什么引发我刚刚那个想法？"或"我现在这个想法，将会带来什么影响？"你可以微调你的本我，与宇宙校准。这就是体验富裕与丰盛的门道。

——我是富裕。我是丰盛。我是喜乐。——

当你内在状况改善，你的处境会改善。你的处境恶化时，是你内在的状况恶化了。世界完全在你之内。不论你有没有意识到，你生命的每一件事都是自己引发的。

——我是富裕。我是丰盛。我是喜乐。——

既然你是自己世界里每一件事的起因，别人是他们世界里每件事的起因，这表示有一群群的人集体造成了他们共同的世界。企业的成"败"、社区事件，甚至战争和自然灾难的发生，不是因为群体里的区区一个人引起的，而是这些人集体引发他们全体都会受影响的事件。这就将我们的话题带回你的事业上。如果跟你共事、跟你往来的人拥有富裕意识，你会最快得到成效。这表示你应该主动协助自己周遭的每个人提升富裕意识。也要记住，得到一件事物的强效方法就是让别人得到那件事物。将这些概念整合来看，你就会明白如果你确保你的员工、事业伙伴、家人甚至社区、国家、世界能够接触到教导他们建立富裕意识的学习资料，你将获益匪浅。

——我是富裕。我是丰盛。我是喜乐。——

想象你在一座岛屿上，还有另一个人也在岛上，你们一起工作一整年。想象你们两人关系融洽，你们会交谈、分享书籍及你亲友寄来的食物。如果你甩了另一人一记耳光会怎样？那个人也会给你一记耳光，找别的方法伤害你，不再跟你共享书籍和食物，或只是对你不太友善，而没有其他的报复行为。即使另一人不报复你，你们的关系也会变得紧绷，缩减你们之间的自由和陪伴关系。这个简单的实验向你显示了一旦你伤害了别人，你不可能不以某种形式受伤害。伤害了别人，你迟早会自食苦果。既然你可以观察到事实如此，你又怎么会想伤害别人呢？讲得更贴切一点，既然伤人便是伤己，你怎么会想伤害自己呢？

现在，如果你在自己公司卖力工作，你怎么会想伤害公司里的其他人或透过你的公司伤害别人？不论那是你的客户、你的员工、你的供应商、社会、环境，以致破坏你的工作？根据我们很快就会谈到的集体意识及其结果，你怎么会冷眼旁观有人伤害别人？你知道如果自己允许大型企业和政府以压迫或有害的手段做生意，你早晚也会受到负面影响，你怎么还会纵容他们，一边坐在场外等着你那一份负面的反响降临？你越是容许别人的选择及意识凌驾你，你分摊到的后果也越多。你越决心让每件事都由自己做主，你越能享用自己引发的结果。这些都是富裕遵循的法则，其他事物也是。说"我不在乎"不能让你免除因果律的规范。

问问经历过二次世界大战的人。要不是大家从一开始就说："我不在乎，那不是我的问题。"希特勒绝不会闹到天翻地覆，当时的人也不必承受战争引起的灾难和经济衰退之苦。世间要出一个希特勒，世界的集体意识必须先宣告："我不在乎，我跟他们是不相干的。"如果你真心想要富裕、保持富裕，你最好开始关心世界，即使是只为你自己好。

——我是富裕。我是丰盛。我是喜乐。——

不是建立在真正互惠条件上的商业活动会导致失衡、不平和，终至引发战争。不论你是一个人、一家企业或一个国家，如果你牺牲别人来赚取丰厚的利润，自己终究会以某种方式、在某个时间点蒙受伤害，一如你曾经伤害了别人。我们从世事就能找到例证，并且可从因果律预测结果。

和平是促进繁荣最大的助力，为了你自己的繁荣，倡导和平对你有利。一个办法是做生意时讲究公平，在办得到的时候，设法修正不公平的贸易惯例。你越和平，你会越发达。也就是说，不论你今天怎么兴旺，如果你提高自己的和平程度，你会旺上加旺。听来或许荒谬，但这道理即使是做军火生意的人也适用。

比方说，全球军工业是世界各国最大的国家预算项目。每分每秒，世界各国用在军事的开销都有数百万美元了。但如果和平存在，这就是不必要的开支。军事开销不像多数的其他开销会在经济体系中流通。这笔资金大致上是呆账。看看如今摧毁世界的那许多昂贵的核武器吧。每分钟数百万美元的军事开销原本可投入其他活动，可以创造实际的生产力或在经济体系中流通。这笔钱可以用来保障世界各国的穷人和弱势族群的生存与公平机会，给他们创业的机会，不必整天忙着赚取微薄的收入糊口，整个世界都会因此更加繁荣，且是繁荣很多倍。想象数十亿的贫民变成有生产力的公民、拥有购买力吧。你的事业不会从中受惠吗？若是军事开销能转为他用，这便有可能实现。而现在从军火交易受益的人，将在一个比现在繁荣数十倍的世界里，从不同的生意中受惠。

和平是繁荣，战争不是。想看活生生的例子，就看看美国吧。连美国也曾经打过内战，直到成为统一的国家，平息各州之间的争端。现在美国的繁荣主要是因为美国境内的和平、合作、自由贸易，国境之内的所有人几乎都受到法律的平等保障。欧盟也醒悟到同一件事，正在设法仿效。在亚洲、拉丁美洲、中东、非洲等世界各地，也在推动其他的方案做类似的事，但程度与速度不一。因此你做生意的时候，即使有不公平的机会，你照样要以公平交易来倡导和平。而在你们地方、国家、世界的事务上，看看自己能做什么来推广公平交易和和平。这是为了你自己的前景着想。

——我是富裕。我是丰盛。我是喜乐。——

你世界里的事物都不是真的。你看见的事物都不是真的。这是为了你好而创造的幻象，好让你可以亲身体验自己的想法和存在状态，去芜存菁、好好改善（所以才会说如果感到痛苦，就表示你的想法出了差错）。存在的状态、思绪、言语、行动创造了你的世界。改变你的心智，你就改变你的世界。改变你的本我，你就改变你的世界。

——我是富裕。我是丰盛。我是喜乐。——

以下是解决问题的捷径，包括财务问题。每次你碰到困惑、混沌不明或问题百出的情况，就正视这个情况，并且说："我就是这个样子。"然后真心接受，因为那是你引起的，而分裂是一种假象。然后问自己："为什么我是这个样子？"所有的困惑与恐惧会消失，解决方案会自动在你坦承"我就是这个样子"的觉知下出现。其实，这一招适用于任何情况，不限于遇到问题时。

——我是富裕。我是丰盛。我是喜乐。——

你有没有注意到生命就像一面复杂的大镜子？你对别人做了什么，便是对自己做了什么。如果你想要快乐，就让别人快乐。想要自由，就放别人自由，将这个原则套用到你的公司运营中去，你就能选择你要得到什么。

——我是富裕。我是丰盛。我是喜乐。——

众生和因果系统的连接极端复杂、迅捷且有效，可让人脱胎换骨。

一个看似极微小的起因，在未来（或过去或当下）可能造成巨大的影响。物理学家有个简明又漂亮的解释，他们称之为"蝴蝶效应"。詹姆斯·葛雷易克（James Gleick）在《混沌：不测风云的背后》一书中说的蝴蝶效应就是"今天一只蝴蝶在北京扰动的空气，可改变下个月在纽约的风暴系统"这样的概念。这只是一个简单的例子。每件事都是一个带有影响力的起因，而每件事都是一份带有起因的影响力。这是不受时间、空间、形式局限的庞大连锁反应。对于富裕这回事，其影响不是招徕富裕，就是招徕贫穷。要知道自己有些什么想法及其可能的影响。一个想法会带你走向富裕还是贫穷？没有不起作用的思想、言语、行动或存在状态这回事。

——我是富裕。我是丰盛。我是喜乐。——

不要有罪恶感。原谅自己过去的"失败"，下次选择正确的作为。谢绝罪恶感，因为罪恶感对专心致志与自信的杀伤力很强。不要耽溺在过去。也原谅别人。当你原谅别人，并不是帮他们忙，而是帮自己一个忙。不论你是否原谅他们，他们都必须为自己的所有行动背负因果（业力）的债务。但是当你原谅他们，你就让自己从负面的业力循环中脱身，释出你的能量，转而运用在其他的正向事物上。

——我是富裕。我是丰盛。我是喜乐。——

结果已经蕴含在起因之中了。尽量透彻地了解这一点，然后谨慎地生活。

——我是富裕。我是丰盛。我是喜乐。——

关于富裕，以下是另一件关于因果的有趣事实。你觉得一个人是从哪儿来的开创某种生意、事业、兴趣、嗜好的灵感？对，这些是受到个人欲望所引发的灵感，但还有别的因素。这个星球及宇宙的集体意识也参与了引发这个灵感。要记住，生命总是会显化心智的画面，并实现每一个诚心且笃定的欲望，从无例外。而心智场域（mind field）是一体的（你的心智和所有人的心智共同组成一个统一的心智场域）。因此你冒出一个点子，部分是别人引发的。这便是供需在台面下的运作实况。比方说，假如突然有一百万个人想要并相信自己可以拥有某一类型的时尚配件，就会有一个欲望跟信念强度都适合进入时尚产业的适当人选，他会得到启发，创造出这种时尚配件卖给这些人。于是，所有的欲望和信念都得到满足。你会冒出一个点子，有一部分是因为其他人的引发。当你观想自己想要的事物，别人则观想自己想要提供或贩售相同的事物。

因此下次你有了一个灵感，要开心地知道有一小群或一大群人正积极地向你祈求，等着你满足他们的欲望。也就是说，在世界上某个地方，有人很热切地祈求你发心去做这件事；你就是回应他们祈祷的人。他们也是回应你祈祷的人。每个人都是一个祈祷的答案——我们全都是彼此的礼物和奇迹，只是我们未必能立刻看穿为何事实如此。除了担忧本身，并没有什么好担忧的。你成功了，你一向都只有成功。

要了解每个人都是一份礼物，身为统一的心智场域中的一分子，我们每个人都有责任。有个简单的理解方式，就是再以希特勒作为例子。希特勒怎么会是送给我们的礼物？首先，要明白如果不是世界集体同意，他绝对不能掌握大权。世界创造了让他崛起的必要情境。在他崛起时，世界说："他不是我们的问题。只要我们的日子过得好好的，我们就不在乎他在那边对那些人做了什么。"这种分裂的意识形态，加上我们集体的存在状态，创造了希特勒得以崛起并壮大的沃土，于是造就了希特勒。他不能凭一己之力崛起，他在这个世界上只是一个渺小的人。他需要世界有意无意的合作。

你不能只怪希特勒加害这个世界，却不责怪世界创造出受害的情境。

希特勒让我们可以体验自己的负面特质。我们现在掀起世界大战的可能性小了很多。我们知道那不是个好主意。我们也比较不会忽视别人的苦难，抱持漠不关心的分离主义，袖手旁观。希特勒让我们可以或多或少修正分离的错觉。所有痛苦的起因都是相信了一个错觉。真相可以让你重拾自由。你周遭的每个人、他们做的每件事都是一份送你的礼物，让你得以认识自己、重新定义自己。就是你，造就了你的世界。

一旦你了解希特勒这种"坏人"为什么是一份礼物，以及他这样的人实际上是由他周遭的世界所造就的，好让世界可以体验自己的心智和信念，你就明白了富裕的一大秘密。一旦你明白希特勒就像这个世界的一面镜子，小小的漠不关心、每个人内心对优越及分离的小小信念都聚焦反映在他身上，你就会明白世界的富裕可以聚焦反映在你身上。也就是说，不要害怕怀抱远大的梦想，梦想巨富，相信自己可以拥有庞大的财富。世界会使事情成真，实际上，你怀抱远大梦想的意愿有多大，世界就会给你多大的梦想。不论你选择走哪条路，你都会得到全力支持。

——我是富裕。我是丰盛。我是喜乐。——

在其余情况不变之下，一个人或社会越能正确地理解因果律，并且妥善应用，越能富裕和快乐。

现在你对宇宙的主要法则有了良好的基础认识。在阅读剩余的章节时，你对因果律的理解将会清晰很多，尤其是在看完情境、成功、量子物理的章节时。现在你知道了掌管宇宙运作的宇宙法则，让我们来瞧瞧情境和成功的真实样貌。你即将展开的旅程，将是你今生最美妙、宽容、鼓舞人心的旅程之一。

11

第十一章

情境：
活灵活现的幻象

我做过一个很复杂的梦，梦里的语言呢，是象征式的，或许最贴切的描述方式应该说是无语。那是在几近清醒的时候做的梦，在半梦半醒之际。我很清楚发生了什么事。一堵橘色的墙出现在我眼前，我开始注意这面墙。然后，墙壁上出现看起来像符号的字迹，梦中的我却莫明其妙地能够解读，这些开始出现的"字"表达了"情境限制并不存在，而是被创造出来的"等意思。这持续了一会儿。一个博学的声音也跟着朗诵，那是一种类似振动的语言，我边看边就懂了。讯息大约有五句话的篇幅，而且是非常完整、明智的知识。然而不出几秒便结束，我连忙起床，拿出笔记本，想要写下那声音说出的确切句子。我慌慌张张地找笔，就忘了确切的字句。总之，那些话的架构不是像本书里这样的句子。

话虽如此，尽管我忘记确切的用字，但我记住了意思。在这一章，你会看到那段讯息的精华。如果你先理解时间与量子物理的真正本质，会更容易明白。一旦你彻底了解时间，你也会了解时间是科学的幻象。爱因斯坦等杰出的科学家们向我们证实时空连续统真正的运作方式。我们现在知道一切，过去、现在、未来，都存在于永恒的当下这一刻。但身为这一刻的小小参与者，我们在经过时空连续统的其他参与者时，会体验到时间的感觉。

就像我们在量子物理学上看到的，量子"汤"其实就是所有可能存在的一切事物跟一切选项都同时存在。也就是说，一切你想象得到的事物都已经存在了，而且存在于现在这一刻。一切都是！

因此，富裕的你和不富裕的你同时存在，但你只体验到其中一个，你意识到、觉察到、知晓的只有一个。

现在动脑筋的时候来了。

问：如果每件事物都同时存在，而且就在此刻，情境怎么可能会是宇宙的真实特质？

答：确实不是。

问：如果所有可能的结果都存在，怎么还会有对某种结果不利的情境存在，一切不是都已经存在了吗？

答：确实不可能。

瞧，就在片刻之前，你看到前一句话。你已经看过了。你都已经看过那句话了，怎么还会有你没看过那句话的情境存在？那是不可能的。因为一切可能的事物、一切想得到的事物都已经存在，这些事物不存在的情境是不可能存在的。

富裕的你已经存在了，不论从科学上和灵性上来说都是如此。你只需要将你的觉知力、你的意识，移向你本我里富裕的那一部分即可。无须满足什么条件，这部分就已经存在，什么都无法使那部分消失不存在，因为它已经在那里了。但你可以创造其他看起来宛如情境的结果。例如，其余已经存在但你未必体验到的事物，是你并不富裕、你拖拖拉拉或觉得时间不够、你上赌场染上赌瘾、你住在穷国而且没有受到教育，等等。这些都是跟富裕生活形态相反的独立生活形态。但只因为它们存在，不表示富裕的生活形态不存在，或必须仰赖其他的生活形态才能存在。

大家常犯的错是宣称："嗯，要是我出生在富裕人家，或是出生在一个好国家，有这种天赋或那种知识，要是我念过那所大学，经历那种事，我就会是有钱人。"他们假定富裕是有条件的，但他们所谓的条件其实是另一种独立的生活形态。也就是说，你未必要符合所谓的条件，也能得到富裕。你不需要满足这些条件，就能变得富裕。但如果你相信这些条件，条件就会存在。取得富裕有数不清的方法，条件只是其中一种；要不要经历这些条件是你的选择。时间看起来像一个条件，但就连时间也不是必要条件。大家认为要砸下很多时间到一把年纪才能致富，所以他们就得这样才能发迹，但实际上不见得非得如此。

任何想得到的事物都存在，只有了解时间、量子、灵的本质，你才能明白这一点。条件并不是划分有或没有的"如果怎样，就会怎样"的陈述式。这只是无限多的结果里的另一种结果罢了。这些情境并不是作为条件存在的，而只是另一种可能的生活形态。你未必要经历这些情境；但如果你相信这些情境，并且创造出来，那你当然会体验到这些情境。

重要的是知道即使是在科学上，情境并不是以"如果怎样，就会怎样"的陈述式存在，这不是你必须承受的要求，不是你从一出生就被困在里面、不能脱身的困境，不是只有在你采取某些作为或得到外援之后才能摆脱的麻烦。情境限制并不存在，而是我们自己设计了限制。你所说的先决条件不是先决条件；那只是无限可能的生活形态里的一种罢了，而且不会阻碍你拥有其他的生活形式。

继续看下去，你会了解什么是情境，并予以克服。限制并不存在。

外在的情况只有在你自己愿意的时候，才会影响到你。

——我是富裕。我是丰盛。我是喜乐。——

一个人遇到的外在环境和情境，总是跟这个人的内在状态和想法密不可分。我们透过环境和情境来体验并发掘自己的想法和状态。我们可以这样做，是因为宇宙依据我们的想法和存在状态，分毫不差地打造出我们体验到的环境和情境。**我们总是置身在完美的布景里，可以看见自己、体验自己，可以改变和成长。认清了这一点，我们就能利用这套完美的系统，引导自己在财富和其他领域中快速成长。**

——我是富裕。我是丰盛。我是喜乐。——

跳出框架思考，这框架是由你以前的教养、经验、老师、新闻、环境等创造的。框架不是真的，只存在于你的内心跟你身边那些人的心里。框架就是靠这些东西存在的。它本身不是真的；它需要你和其余每个人才能存活。

你可以突破框架，跳出框架思考。这句话你以前就听过很多遍，但现在你终于可以随时随地做到。做法就是拆除心里对事情应该怎么做的所有思想架构。例如，有些不曾念过大学的人相信要先有大学文凭才能富裕。这是别人告诉他们的，他们觉得自己观察到的情况似乎也是如此，于是认为那是真的。但这种画地自限是可以解决的，只要抛弃这个思想架构，从所有思绪中移除对它的信念就好。很多人就摒弃了这种想法，而且非常成功。事实上，微软的比尔·盖茨自愿从大学辍学，一直没有完成学业。世界各地有数不清的人没有大学学历，照样出奇成功。倒不是说你不应该上大学，大学扮演很重要的角色。但如果你发现自己的"框架"是你没有上大学而你也不能上大学，你只要抛弃这个思想架构和对它的信念，你的框架就会消失。这就是跳出框架思考。

这可以套用在任何事情上，从产品开发，到财务管理，到新的生意点子，任何事都行。只要保持觉知、有做到的意图、有意识地抛弃你的思想架构，就行了。

问： 怎样建造崭新、前卫的住宅或车子？
答： 全面舍弃别人告诉你房子或车子必须怎样打造的陈旧思想架构。

全部摒弃吧，展开没有"应该"跟"不应该"的新一页。然后把新一页的概念也丢掉！让一切降临在你身上。不受"应该"跟"不应该"限制的灵感是关键。这是很从容不迫却不受束缚的做法，成效也很好。问爱因斯坦就知道了。

——我是富裕。我是丰盛。我是喜乐。——

让所有的情境都为你服务，这是情境存在的目的。这些情境是一种体验的场域，纯粹是供你享受、自我发现和学习而存在的。因为这些是以你先前的想法、言语、行动、存在状态所创造出来的。

——我是富裕。我是丰盛。我是喜乐。——

沉着面对所有的财务问题和其他困难，不要担忧。这些状况早在发生之前就解决了。你甚至还没祈求，一切便都给你了，你只管接收就好。

——我是富裕。我是丰盛。我是喜乐。——

这个宇宙没有巧合或意外，没有侥幸或运气。宇宙是依据完美的法则运作，连一个差错都不曾犯过。本源、神的运作的确是完美的。凡事都根据法则完美解决。只有不明白事物背后真相的人，才会觉得事情看似巧合和意外。

——我是富裕。我是丰盛。我是喜乐。——

大自然的运作轻松自如且精准无比，组织能力无限强大，办法不计其数，畅行无阻。你不必了解要怎么创造富裕。只要思想、言谈、行事都符合愿景，以愿景为依归，接着自然而然，一切都"巧合地"实现了。不论过程如何都不要排斥，因为那只是大自然以其不可预料的运作方式来实现你的愿景。你只要做好分内事，也就是持续给愿景崇高的地位，坚定不移，思想、言谈、行动都以愿景为依归。

要超然。如此一来，自然的创意便能为你效劳。超然表示不干预任何此刻正在发生的事，但你可以自由选择一个不同的未来。此刻发生的事是你过去的意图、想法、言语、行动的完美显化。若是宁愿要一个不一样的现在，这将导致你的目标延后实现。这样的偏好是匮乏，而匮乏会使匮乏的状态延续下去。

例如，如果你的欲望与意图是成为富豪，你已经把思想、言语、行动都调整到符合你的愿景，你必须承认自己不知道哪一条路，才是实现你目标的最佳路线。你不能确切地预测每天需要发生哪些事，才能让你得到你要的结果，但本源不费吹灰之力就能办到，你的内在自我也做得到。而且本源会以最理想的方式带你达成目标。让本源施展它的神奇，不要抗拒它在当下这一刻带给你的事物。你管好自己的分内事，它也会做到它该做的。这是最快、最有效、最愉快的方式。你可以随时保持轻松愉快，因为你知道什么迟早会实现。

——我是富裕。我是丰盛。我是喜乐。——

平静是力量。平静让你与自己及自然和谐共处。平静让你能控制你的思想，让你有正确的想法。平静证实了你并不是你遇到的处境、你没有比你的处境低一等。平静是自信。平静是你的真实天性、完美的平衡、完美的静定、完美的和平。永远告诉自己："我是平静的。"

——我是富裕。我是丰盛。我是喜乐。——

平静不是压抑。真正的平静是清澈开放的，不为了假装平静，而在内心隐藏或压抑任何事物。平静是纯粹自然的。平静代表内化、实践并活出宇宙的法则、生命的法则，比方说像本书介绍的法则。你可以透过了解这些法则培养平静。

——我是富裕。我是丰盛。我是喜乐。——

痛苦就表示想法不对，是找出并修正那个错误的讯号。通常，最深沉的痛苦，蕴含着找到真相的最大机会。但痛苦不是必要的。其实，最觉醒的人一向都可以全面消除痛苦。受苦只是你的本我跟你的个性及心智沟通的工具，反之亦然。本我只在没有其他选项时，才会动用这个工具。你越强烈抗拒本我给你的微小暗示，你吃的苦头就越多。而觉察力最强、最能以活跃的直觉这类管道听从本我讯息的人，可在生活中游刃有余，不会被生活要得团团转。

——我是富裕。我是丰盛。我是喜乐。——

情境不存在。受限的情境是幻象。情境被创造出来，是为了打造符合你想法的环境。也就是说，受限的情境是将你的想法显化为体验而出现的幻象。情境将心智里的想法从象征物转换为实际的体验。真相是宇宙包含所有可能存在的事物，全都存在于永恒的此时此地这一刻。但如果你自认很穷，相应的情境就会出现在你的生活中，以实现你的信念和那些想法。话说回来，如果你相信并认为自己很富裕，相应的情境也会出现在你的生活中，以实现你的信念和那些想法。因此，"我没钱，买不起那个"这句话是假的。实际上，真相是你相信匮乏，你周遭的世界便会花一段时间安排，向你呈现你负担"不起"的"需求"。顺带一提，基于相同的原因，需求也是幻觉。你怎么会需要已经拥有的事物？你拥有一切，因为一切都创造出来了。你连祈求都还没提出，一切便给你了，这是耶稣跟许多灵性导师从以前就告诉我们的事，这也是量子物理学现在告诉我们的事。

——我是富裕。我是丰盛。我是喜乐。——

情境不存在。限制是幻觉。你引发情境，情境只是看起来像施加在你身上的外力。这是最解放人心的洞见之一。深入了解。落实在生活中，按照这套标准去做每一个决定，生活将成为魔法。试了你就知道。

——我是富裕。我是丰盛。我是喜乐。——

当你跟情况对抗，你是徒劳无功地抵制结果，强化并保护了起因。比方说，你的情况让你把自己视为破产的人。如果你从"破产"的观点来行动（缩减开支、刻薄小气，活得苦涩、害怕、嫉妒），以免自己变得更穷，你实际上在做什么？你看得出自己在延续并强化"破产"的情境吗？你一心一意地相信自己破产、想着自己破产，于是你透过信念和想法的力量，创造出破产的情境。记住，宇宙给你的永远都是你经常念兹在兹、热切坚信的想法。宇宙供你差遣。修正破产状态的办法，是在内心呈现富裕的状态，思想、言谈、行为都从那个状态、观点发出。

——我是富裕。我是丰盛。我是喜乐。——

富裕必须先是一种存在状态，然后才会被体验到。顺序不可颠倒。富裕不是基于特定情境而创造出来的。特定情境是为了富裕才创造出来的。丰盛不是基于特定情境才创造出来的。特定情境是为了丰盛才创造出来的。限制并不存在。以下的说法是错的：一个人会穷，是因为这个人遇到的某些情境造成的。以下的说法才正确：一个人会碰到贫穷的情境，是因为这个人的本我跟想法吻合贫穷意识。这种状态、存在的状态，创造了贫穷的情境。多数人以为实情恰恰相反。能够看清真相的人会发现自己面对的情境神奇地自行转化，带来了"转机"和"巧合"。

——我是富裕。我是丰盛。我是喜乐。——

别再想着自己是你的情境，说："我表面上没有我想要的富裕，但那不是我。我不是我的工作。我不是我面临的情境。"

——我是富裕。我是丰盛。我是喜乐。——

旧事为什么会重演？例如，有的人不管做哪一行都"失败"。原因其实是：你一遍又一遍让相同的事件和情况降临在自己身上，直到你决定重新创造全新的自己，改变你的思维模式，把自己改变成一个全新的"改良版"的你。

——我是富裕。我是丰盛。我是喜乐。——

避免评判一件事的对错。事情就是事情。事情的分类，只是看观察者选择将这些事情区分为好或坏、对或错、有趣或无趣。你一评判事情，你就评判了自己。你也阻断了一件事带给你的隐藏礼物。

道家用一个农夫的故事把这个道理解释得很清楚。一位农民的马跑掉了，邻居怜悯地对农夫说："你遇到这么倒霉的事，我真替你难过。"农夫回答："不用替我难过，是好是坏还不知道呢。"隔天，跑掉的马回到农民家里，一并带回一群跟它交上朋友的野马。邻居对农夫说："你运气真好，恭喜！"农夫回答："不用恭喜我，好坏还不知道呢。"隔天，农夫的儿子想骑其中的一匹野马，因此摔断了腿。邻居又对农夫说："你遇到这么倒霉的事，我真替你难过。"农夫回答："不要替我难过，谁知道这是好还是坏呢。"第二天，军队来强征百姓从军，农民的儿子因为摔断腿而免除了兵役。

这只是一个简单的故事，却揭露了本源会以最出人意料、看似不相干的方式制造奇迹，好让每件事都圆满解决。对于了解并遵行宇宙法则的人、使用因果律的人以及有特定目标、目的、愿景的人，这种魔法是很奇妙的，会带来同步发生的事件、"巧合"以及许多其他的曲曲折折，将你带向你想要的结果。

因此，避免批判事情和人。那只会拖慢你的进展、伤害你。你并不知道宇宙安排的一连串事件。再者，你会成为自己批判的事物，你抨击的事物会反过来影响你。根据因果律，当你批判、抨击，你便让自己成为被批判、抨击的对象。你该做的只有在与生活相关的每件事情上，抱持清晰的愿景、保持笃定，亦即，你的愿景与目标将是什么样子的内在工作。日常事件、"好"或"坏"都替你搞定了，只要你不干预过程就好。

——我是富裕。我是丰盛。我是喜乐。——

意图的作用就像磁铁，凡是将自己显化到现实世界所需的素材，它统统都吸引过来。我们用下面的例子说明意图的运作方法。你想到一个新点子，你有了新的欲望。你萌生了实现这个欲望的意图。于是，实现你欲望所需的全部事物就会开始被吸引到你身边。那是很神奇的过程，你有了某些梦想，你遇到某些人，你经历某些情境，你取得某些技能，很多看似巧合的事件发生了。这个过程会持续进行，你欲望的某些部分持续显化为实相，直到欲望完全显化。信任这套系统，不要对抗经由你的意图吸引来的事物，这些是你自己参与共同创造所吸引来的最适当的事物。

——我是富裕。我是丰盛。我是喜乐。——

对你的困境幽默以对；这是在外境维持超然的第一步。

——我是富裕。我是丰盛。我是喜乐。——

为什么有时候人会跌落谷底？为什么有时候人会惨兮兮，不管是在财务上、情绪上或其他方面凄惨无比？

答案在于我们运用痛苦的方式。我们不是生来就要受苦的。如果我们愿意多多听从灵的声音，如果我们愿意重拾这种能力，多用直觉并聆听那份直觉，我们吃的苦头会少很多。但当我们拒绝聆听灵魂的较高智慧，我们会在现实世界里吃苦，好让我们修正错误的思想。你是否曾纳闷过为什么那么多超级富豪曾经是穷光蛋？也就是那些从赤贫变为巨富的典型故事。记住，发财不见得要经历这种起伏过程。但假如这种事发生了，而遇上这种事的人承担了自己的责任，从中学习，这个人就变得非常富裕。在谷底，在最低点，一个人一无所有，这也使一个人拒绝接受最高真相的虚假心理防卫卸下了。当一个人停止认同并放下那些虚假的想法，接受真相，这个人就富裕起来了。

关于富裕的真相之一是我们的本质是丰盛的。关于富裕与快乐的真相很多，本书就介绍了不少。你未必要陷落谷底、吃尽苦头才能认同真相。只有在人拒绝聆听更幽微的讯号时，痛苦才会降临。这些讯号可能来自内心或其他来源，诸如书籍、其他人、电视、电影，本源的沟通方式是无限多的。差只差在我们自己没有留意和倾听。是我们选择忽略自己觉得真实的事物。

吃苦的另一个原因是为了教导我们不吃苦的滋味，以及如何进入不吃苦的状态。例如，为了让你认识红色，你得知道什么不是红色。对此，你未必要有实际的亲身体验，但你绝对需要知道。想象一个没有体验过快乐或悲伤状态的机器人。这机器人或许聪明绝顶，快乐和悲伤的知识都翔实地编写到它的程序里。程序可以尽量"解释"快乐是什么。但机器人只能从概念上知道快乐这回事。而那不是真正的知道；这种知识是空洞的。

只有亲自体验快乐，你才知道什么是快乐。为了认识快乐，你必须体验快乐的反面，即悲伤，即使只体验一下子。有些事物必须亲身体验，也有些事物只需要知道概念。有时候，你需要亲自认识的事物，包括你可能称为"吃苦"的事物。但在本质上，这些事物是教导你享受相反事物的工具，亦即你正在追寻的那些事物。

——我是富裕。我是丰盛。我是喜乐。——

很多痛苦是自己选择的。这是你内在的医师为了治疗你生病的自我而开出的苦药。因此，信任这位医师，平静地喝下他开的药水；他的手尽管沉重而严厉，却是由看不见的细柔的手所引导。

——纪伯伦[1]

——我是富裕。我是丰盛。我是喜乐。——

心理学说没有被意识到的内在状况，就会发生在外界，成为命运。也就是说，一个人不曾分裂，没有觉察到自己的内在冲突，世界便一定要演出这个冲突，撕裂成相反的两半。

——荣格[2]

——我是富裕。我是丰盛。我是喜乐。——

在其余情况不变之下，一个人或社会越能正确地理解并运用限制的幻觉，越能富裕和快乐。

---

1. 纪伯伦（Kahlil Gibran 1883-1931），黎巴嫩诗人，代表作《先知》。
2. 荣格（Carl Jung 1875-1961），瑞士心理学家、精神科医师。

　　最叫人振奋的是了解到我们不是任由某些随机的状况和情境宰割，知道了是我们自己创造了那些事，而这些是促进我们成长的美丽礼物。这真是一种解脱！

　　现在我们要来看情境限制在社会上受到严重扭曲的一个层面。他们说你不是成功就是失败。以下是美丽的真相和秘密：你一向都是成功的。

12

第十二章

成功：

你绝不会失败

说到富裕，成功和失败是被扭曲得最厉害的情境。许多人认为你要么成功，要么失败。其实，失败也是一个假象，一直以来都只有成功。这是很深奥的真相，你应该尽全力了解。

整场人生就是充满成功的一连串时刻。

无畏无惧地将"失败"当成学习过程来利用，将可革除你的弱点，建立思想和人格的韧性。思想和人格的韧性，是你追求未来成功的关键。"失败"实际上是承前启后的片刻，其本身就是成功的一刻。经由"失败"，你学会如何成功以及体会最终的胜利是什么滋味，如果你不知道"失败"的感受，你哪里会懂得品味胜利的甜美？如果没有专门设计来让你成功的工具，你怎么知道自己该如何取得你打算得到的成功？

——我是富裕。我是丰盛。我是喜乐。——

"失败"最常见的起因是缺乏清晰、专注的目标和观想。宇宙、生命由于缺乏可供运作的素材，于是什么都没做。生命是展现在外的心智画面。没有画面，就没有东西可以展现了。

——我是富裕。我是丰盛。我是喜乐。——

往往能完全发挥自己本事的最大机会，是出现在你最黑暗的时刻。你最惨的时刻常是你最大的解放者、你最高阶的教师。遇到这种时候，不要反抗，不要排斥。反而要正视这些情况，寻找里面蕴含的教诲，亦即这些事所带来的解脱。受苦永远表示想法有错误。你不是天生就要受苦。你生来是要享受生命的。

——我是富裕。我是丰盛。我是喜乐。——

得与失是一体两面。经由损失，你得到新的事物。经由损失，你知道得到时的美好。没有失，就没有得。正是因为抗拒损失，只想得到而厌恶失去，才导致受苦、成长迟滞。而接受得与失都是礼物，都是你成长所需的燃料，会把你更快推向更高的高度。最后，你会看到损失并不是真的损失。当你认识到自己从损失中得到的收获，你就会明白损失其实是一种恩赐，损失并不存在。有失必有得，只要你接受现状、检视现状，并且保持耐心。损失通常是错误的思想造成的结果，这正是你修正思想、取得丰硕收获的机会。或者，这是高我为了带你登上更高处而帮你选择的新机会，一个发掘崭新的较高真相的机会。

——我是富裕。我是丰盛。我是喜乐。——

善用所有的情境自得其乐，奠定自己的根基——这是情境存在的目的。即使是"负面的"情境也派得上用场。比如，如果你遇到会欺压别人的人，在这个情况下，首先一定要选择处于自由、自爱、爱人的内在状态（欺压别人的反面）。思想、言谈、行为都要发自自由、自爱、爱人的心。向欺压你的人展露慈悲和宽容，不要一逮到机会就反过来欺压他们。这是你脱离负面状况的出路，怀抱信念，细腻地观想你接下来要将自己的世界创造成什么样子。当你成为不欺压别人的人，真的发自内心地爱人、爱己，你就会发现自己脱离了被欺压的情况。负面的情况在你的自愿参与下，达成了"修正"你的任务。永远记住，不论你有没有意识到，你或多或少，都选择了自己置身的情况。

——我是富裕。我是丰盛。我是喜乐。——

当你检视内心，寻找导致你受苦的错误思想时，眼光永远保持谦逊，以免小我干预。诚心诚意地发掘真相。不自怜自艾或手下留情，要直言不讳。记住，这是你自己私下做的事。别人不会知道，不会嘲笑你，因此请你只管一针见血地剖析自己，对自己诚实。

——我是富裕。我是丰盛。我是喜乐。——

多数人都养成了害怕失败的习性。他们会为了避免失败而放弃，有时甚至连试都不试，只求不要失败。但失败是假象。要试着开始把失败视为假象。失败、受苦，是成功的必要成分。如果以学习的态度面对失败，失败就可以让你修正错误的思想。透过失败，你学习怎样成功。努力付出而受挫的经验，让你能够修正你的思想，使思想更贴近成功。但这点成立的前提是你不放弃。

透过失败，你得以认识成功，知道如何成功。如果你不知道不成功的感受，你要怎么知道成功的滋味？如果你不知道成功之法，你要怎么成功？想想看吧。失败是成功必不可少的一部分。失败不是成功的反面，不是跟成功不相干的独立个体。失败其实是跟终极成功相连的连续时刻。

失败是成功。两者是同一回事，只是位于成就的光谱上的两端，就像冷与热位于温度计温度范围的两端。失败和成功两者是同一件事的不同振动。

失败本身并不是真的失败。只有当你认同失败就是最终的结果时，才是真的失败。但如果你把失败视为成功历程里备受祝福的一部分，是协助你日后更成功、了解更成功是什么滋味的一部分，那你绝不可能失败，绝对不会。失败是假象。停止畏惧失败；要爱失败，因为失败会带给你礼物。

——我是富裕。我是丰盛。我是喜乐。——

生命集结了各式各样的体验。挑战是体验的一部分。运用挑战成为更好的人，享受跟随每个挑战而来的报酬及胜利的体验。

——我是富裕。我是丰盛。我是喜乐。——

每次的努力尝试都是一次成功，可带你走向你想要的最后结果——那盛大的成功。请这样看待事情。

——我是富裕。我是丰盛。我是喜乐。——

你的生存是受到保障的，不需要任何资格，就能享有尊严与生命。

——我是富裕。我是丰盛。我是喜乐。——

在其余情况不变之下，一个人或社会越能鼓舞并赞赏所有的时刻、事件并努力尝试，将之视为一连串成功的片刻，越能富裕和快乐。

现在我们定义了成功，披露了失败的假象，现在该来讨论追寻成功的目标，也就是大家追求的目标。接着是另一个秘密：你可以有欲望，但绝不要觉得缺了什么。

13

第十三章

不要感到欠缺……

怀抱欲望，但千万别觉得自己少了什么

你已经看到了，我们有留意个人言语、思想、行动、状态的好理由。每个状态和想法都经由宇宙依循宇宙法则精确地回应。每个字词都承载了数千年的意义，以及怎样执行每个字词的指令。比如，"跳"这个字眼会在每个人心里引发特定的画面，并伴随怎样执行这个字眼的适当指令，负责在你跳跃时协助你的宇宙也会采取对应的行动（物理法则、身心灵的协调等）。甚至就在你阅读本书时，这些字词会在你的内在引发某些反应，有些你现在就能感觉到。

有的人这时已经很振奋地知道，本书的文字可以让他们扭转人生。而这份了然于心，已经启动了看不见的改变。有的人在阅读这段话的时候，已明白这一点。

关于富裕，最需要小心的重要字眼是欠缺和所有类似的用语。觉得自己缺了什么，是在向你及宇宙告知你没有某件事物（第一个错），以及你的状态是你缺少这件事物但希望自己拥有它（第二个错）。而欠缺是一种永久的状态，又使问题更复杂。欠缺本身并没有尽头。想想看吧。

你永远得不到你觉得缺少的东西。绝对不会。若是有人得到了他们欠缺的事物，那只是表面上看似如此，但其实没那回事。实际情况是这样的，他们一点一滴地从感觉欠缺的状态转移到其他状态，然后他们便得到之前想要的事物。但只要他们处于感觉欠缺的状态，就得不到自己想要的事物。一个人得到他欠缺的事物的假象是这样形成的。还记得上一次你想吃东西并如愿的经验（你吃了东西）吗？好，你想要食物。这是欠缺的状

·

态。但注意随后发生的事。你开始去找吃的。你实际上从欠缺的状态转换为取得的状态，取得是有尽头的状态。这时你终于转换为拥有的现在时。于是你看似得到了你原先欠缺的东西。瞧，你不曾在欠缺的状态下得到你要的事物。你得先转换状态。

这种无意间从欠缺的状态转换为其他状态的情况，很稀松平常，然而这只限于小事。但万一是非常重大的事物，是你不曾拥有的事物呢？如果你觉得自己欠缺那样事物，你还能得到它吗？这可不像食物，你很难在无意间转换掉欠缺的状态，因为你以前没有类似的经验。如果你发现自己需要二十元，你很容易就能在无意间从欠缺二十元的状态转换为取得钱的状态，因为你以前就一遍又一遍地做过。但如果你要的是一百万元，而你这辈子拥有的钱从来不超过两万呢？你还能在不经意间，从欠缺状态转换为取得一百万的状态吗？大概不太可能。解决之道如下：绝不要觉得自己缺了什么！

你永远得不到自己感觉欠缺的事物。急切地想得到欠缺的事物，那会更糟。在你的想法、言语、状态、感受中，将"欠缺"这个词改成"欲望"或"希望"。欲望跟觉得有所欠缺不一样，欲望未必表示你没有某件事物。其间的差异很微小，有些人可能会说两者是同一回事，但实际上两者天差地别。在有些同义词词典上甚至可能说"填补欠缺"可以跟"欲望"互换，但那只是语言学上的应用。

记住，宇宙会精确、完美地执行你的想法。宇宙就是设计成这样的系统。欠缺的状态会被精确地执行，感到欠缺代表恒久都处于没有的状态。欲望不是恒久处于没有的状态；事实上，欲望不见得代表你没有你的欲求之物。想到数十亿人因为这么单纯的细微差异而得不到想要的事物，我就感到可悲又好笑。一切全关乎宇宙精准的执行力。

更精确地说，应该回避的词不光是"欠缺"，而是那种状态。只回避"欠缺"这个词对处于觉得欠缺的状态毫无帮助。语言是用来代表状态等事物的符号。"欠缺"这个词是代表处于欠缺状态的符号。因此，你应该要先避免的是那种状态。符号、用字本身也要避免，以免引发那种状态。你可以有欲求，但千万不要觉得欠缺。

以下是字典中对"欠缺"这个词的定义：

没有；无。穷困或艰难。性格的缺点；毛病。不在场；不够或缺少；失败；不足；太少或短少；缺乏。

这便是你觉得欠缺某件事物时向宇宙传递的讯息。宇宙便会精确地为你实现你的讯息：欠缺与不足。

但是，这些负面的定义半个都没出现在"欲望"一词的定义里。以下是字典中对"欲望"的定义：

表达愿望；要求。受到乐趣或任何美好事物的激发，而让人想要采取行动或付出心力来延续或拥有那份乐趣或美好事物的自然盼望；一种想要取得或享受的殷切希望。

——我是富裕。我是丰盛。我是喜乐。——

不需要在当下这一刻得到特定的结果，让你的潜意识完全卸下了为什么你得不到某个结果的想法，而这会让你走向你在显意识中意图得到的特定结果。这是同时保持意图和超然的好处之一。你意图在未来得到结果。你很笃定，但是对当下正在发生的事保持超然。比方说，假设你打算成为百万富翁，但在当下，事件的发展方向显示你没有朝着目标前进。如果你在当下保持超然，你的进展将会最快，意思就是你接受现况，不抗拒现况，不因此感到挫败，失去希望。但不管你超不超然，笃定地相信你要的结果（成为百万富翁）都将会实现。

学会让意图、笃定、超然同时出现在你的生活中，生活很快便会变

·

得愉悦而富裕。抗拒和挫败会慢慢消退，笃定和自信则会增长。你瞧，如果你的目标清晰又专注，你很笃定、有信心，你相信自己不可能不得到富裕，不可能失败。失败就表示打破了颠扑不破的宇宙法则。因此，笃定可以让你放轻松，知道无论当下的情况看来如何，富裕已经在路上了。不超然等于抗拒，你抗拒的事物会持续存在。

——我是富裕。我是丰盛。我是喜乐。——

消弭各种形式的欠缺。这包括为往事懊悔，希望现况或过去的情况不一样，期待事物发生，希望、觉得欠缺、担忧，将你的觉知与意识抛向未来或过去。也就是说，不要抱着过去的时刻不放；不要希望自己置身在即将来临的下一刻。全然接受当下这一刻，接受当下这一刻带给你的全部礼物。创造美好未来最快的办法是单纯地设定意图，放手，回去享受此时此地。想填补欠缺是在告诉宇宙创造让你一直欠缺的情境，除非你脱离欠缺的状态，进入别种状态，否则不可能得到你想要的事物。这是十分微小却很重要的看待人生的方式。

——我是富裕。我是丰盛。我是喜乐。——

绝不要觉得自己欠缺任何事物。那会使宇宙为你创造出让你永久处于欠缺状态的情境。你可以对事物有热忱、有欲望、有意图，但不要觉得缺了什么。

——我是富裕。我是丰盛。我是喜乐。——

从你的字典中排除"欠缺"这个词，从你的想法和存在状态，根除欠缺的状态，改成"欲望"和"喜欢"。欠缺创造恒久欠缺的情境。你永远得不到你觉得自己缺少的事物。

——我是富裕。我是丰盛。我是喜乐。——

如果你察觉自己想着你没有某种事物，或想着自己不是某种事物，你就是在欠缺。欠缺是一种承认自己缺了什么、匮乏的状态。那不只是口语里的一个字眼。

——我是富裕。我是丰盛。我是喜乐。——

在其余情况不变之下，一个人或社会越能从言语及存在状态中消除觉得欠缺什么的感觉，越能富裕和快乐。

如果你发现自己在跟欠缺对抗，重读量子物理、丰盛、一及本我的章节，并确切了解千古以来许多导师一再教导的"你拥有一切"是什么意思：早在你祈求之前，一切便给你了。从逻辑上、科学上、灵性上来说，你绝对没有欠缺的理由。当然，你有保持欲望的理由，但没有欠缺的理由。欠缺是相信自己没有。你已拥有一切。你为什么会想要相信自己没有呢？

现在话都解释清楚了，我们来讨论一些有趣的大事。就从你的人生目的开始谈，亦即你那谁都不能复制的、独一无二的特质。

14

第十四章

目的：
你为什么在这里？

你的人生目的是什么？人生目的跟目标是独立的。你的人生目的是什么？你为什么在这里？只有知道并声明你的人生目的，以人生目的为每天的最高准则，你才能朝着对你来说正确的方向快速前进，并在过程里得到无限乐趣。

正确的问题是：为什么你选择来到地球？

你的人生目的是从何而来？想想以下的说法。你有自由意志。自由意志从什么时候开始有？有人认为从出生开始。他们相信自己不能选择要不要出生，但一旦出生了，就有替自己的人生做出选择的自由意志。

也有的人相信自己的自由意志是永恒的，甚至在他们出生前就有了。这并不是太奇怪的想法。你的灵魂是永恒的。你的眼睛告诉你，生命始自出生，但有某个更深刻的声音告诉你，出生或许不是真正的起点。人生目的或命运是你、你的本我或灵魂选择到地球做的事，这是依据你灵魂的属性和愿望所做的选择。你，出生的环境和地点，最适合你收集实践天命的全套必要"工具"都已备好，但前提是你必须要带着这样的觉知走过人生路。也因为这样，一旦你找到了独一无二的人生目的，感觉才如此美妙。也因为这样，实现人生目的才会给你如此丰沛的喜乐。因为你在很久以前就选择了这个目的，那是你来到这里要做的事。

可惜，很多人没有实现人生目的，主要问题出在我们的社会和教育系统的架构。但如果你有心，你可以轻松实现你的人生目的。先找出你的人生目的，花点时间静静地思考什么事能让你愉快、让你充满热情。别去想职务说明或事业。抛弃社会教你相信的许多标签。那正是一般人找不到自己人生目的的头号原因。只要问自己："我做什么会开心？"也许是花时间跟蝴蝶共处，或是飞到世界各地做生意，或烹饪，或跟人谈话，或任何事情。一旦你找到人生目的，观想它，怀抱意图，拟定让你向人生目的前进的目标——直到你发现的人生目的成为你的工作，发展成你的事业。

比如，假设你的人生目的是研究蝴蝶，而你现在闷闷不乐地从事一份和蝴蝶无关的工作，不要绝望。一开始，先找到书籍，找到钻研蝴蝶的人。尽力搜集资料。开始拟定能带领你最后从事蝴蝶相关工作的目标和选择。别担心金钱，忘掉你可能开始冒出来的小担忧；只要你不担心，这些事会自动解决的。一旦你实践自己的天命或人生目的，一个在你投胎到地球前就自己选择的天命，你将会非常快乐且成功。你的自我满足感将会提升，你会对整个世界做出最佳贡献。

——我是富裕。我是丰盛。我是喜乐。——

静静坐着，找出你为什么来到这里的原因。你有人生目的。你或许知道，或许还不知道。你可以发现自己的人生目的，你只要扪心自问，并且对自己真诚。你的特殊才华通常就是你的人生目的。也可能是你一向觉得自己能做得很棒的事，尤其在你小时候。小孩通常知道自己的人生目的，但当他们渐渐长大，社会和教育体制便把他们弄糊涂了。你的人生目的也可能是给你最大喜乐的事。实际上，你的人生目的不可能是无法给你喜乐和满足的事。当你找到了人生目的，据此活出你的人生，你的富裕之路将会轻松愉快很多，而且你会热爱你的工作。

——我是富裕。我是丰盛。我是喜乐。——

工作是看得见的爱。如果你工作时没有爱，只有不悦，你最好离开工作，坐在庙堂的门口，由乐于工作的人赈济你吧。

——纪伯伦

——我是富裕。我是丰盛。我是喜乐。——

明确地定义你的人生目的。随时随地都将人生目的视为思想的最高原则，据此宣告你的目标。你的思想、言语、行动时时刻刻都以人生目的为依归，你的人生将会充实又满足。

——我是富裕。我是丰盛。我是喜乐。——

享受工作最稳当的方法是从事符合人生目的的工作。不论你判定自己的人生目的是什么，都去从事相关工作，不是做你的工作或义务，而是你觉得内心呼唤你做的事、你梦寐以求的事，这样你会很容易在工作中体验到喜乐。这告诉了你什么？只要知道自己的人生目的是什么，并投入相关的工作，每个人都能在自己乐在其中的职务或公司工作。

——我是富裕。我是丰盛。我是喜乐。——

当你毫无恐惧地将思想瞄准人生目的，你就成为强大的创造力。

——我是富裕。我是丰盛。我是喜乐。——

从事符合人生目的的工作，工作就不再是一份差事；工作会变得愉悦、变成生活。工作和乐趣之间的界线会消失。

——我是富裕。我是丰盛。我是喜乐。——

你有几个人生目的？你觉得有几个就是几个。并没有限制只能有一个。你是多维度的存在。

——我是富裕。我是丰盛。我是喜乐。——

在其余情况不变之下，一个人或社会越能找出并实践人生目的，越能富裕和快乐。

生命是一场庆祝，庆祝最适合喜乐。喜乐则是灵魂能够以自己喜欢、满足欲望的方式得到抒发。人生目的给灵魂这个机会。找出你为自己选择的人生目的，你将会在工作中找到爱、喜乐、富裕，并给社会最棒的贡献。

说到贡献，你知道得到富裕的强效方式之一就是施予吗？你施予出去的事物，会给你带来七倍的反馈。让我们继续讨论另一个有力的深刻见解。

15

第十五章

施予：

施予究竟是怎么回事

最伟大的法则之一是施予的法则。这是很厉害的法则。恣意、快活地施予。永远养成开心施予的习惯。先施予，再接收。不论你给出去的是什么能量，都会以神奇的方式再回到你身上。比方说，你可以施予时间，并在很久以后从出乎意料的管道，以出乎意料的形式，得到令你获益匪浅的时间反馈。你不能坚持要以特定的形式在特定的时间得到反馈，但你尽管放心，一切都会以对你最好的方式回到你身上。施予，施予，施予。快活而自由地施予。重点是你施予时的能量状态，因此施予时不要心不甘情不愿。因果律会保障你的施予得到充分的反馈。

生命就是用来施予的。

施予你拥有的事物，包括时间、金钱、微笑、爱、赞美，什么都行。你将收到自己没有的事物。

——我是富裕。我是丰盛。我是喜乐。——

宅心仁厚地施予，心怀感恩地回收。宅心仁厚和心怀感恩是使施予充满能量的因素。

——我是富裕。我是丰盛。我是喜乐。——

照顾社会和大自然，你就照顾了自己。常常为大自然和社会分享及付出。这是会下金蛋的母鸡，需要受到保护与滋养，这样才能继续保护并滋养你。

——我是富裕。我是丰盛。我是喜乐。——

分享。施予。助人。视你使别人建立富裕的比例和程度而定，你也会建立自己的富裕。

——我是富裕。我是丰盛。我是喜乐。——

在贷款给别人、让别人可以建立财富的金融服务及金融机构投资一些金钱。这是另一个照顾社会的好方法，可使社会富裕，而你也会因此富裕一点。

——我是富裕。我是丰盛。我是喜乐。——

宇宙全是能量，且能量会流动。施予促进这种能量的流动，使你与宇宙的力量和谐共处。不论你希望拥有什么，先使其他的存有得到，你便会开始大量拥有它。施予将给你带来几倍的回报。比方说，如果你希望致富，让别人知道如何拥有财富，你也会以奇妙的方式，很快富裕起来。这是错综复杂又运作完美的系统。满心欢喜地施予吧！

——我是富裕。我是丰盛。我是喜乐。——

分享、分享、分享。这是储存在宇宙的投资，日后你将得到惊人的利息。愉快而真诚地分享。

——我是富裕。我是丰盛。我是喜乐。——

你希望自己拥有什么，就使别人能够拥有什么。你要财富和丰盛，就使别人也拥有。你要怎么让别人富有？把这些道理传授给对致富感兴趣的朋友。给他们看这本书跟其他类似的书籍。跟他们组成读书会或智囊团。当两个或更多人聚在一起时，集结起来的力量会超过个别成员单一的总和。

——我是富裕。我是丰盛。我是喜乐。——

培养你的觉知力，让自己能够留意并看见一切你能够自由快活地施予的机会。你可以施予物质的东西、你的时间、技能或任何事物。

——我是富裕。我是丰盛。我是喜乐。——

革除认为自己应该先得而后施的习惯。那不是施予，而是交换。假如你要这样看，也可以说恣意而愉悦的施予让你可以跟宇宙做生意。这是施与受的运作方式。你给某人你现在拥有的东西，而且是自由快活地施予。依据宇宙法则，宇宙就会找出最恰当的方式，透过某件你没有的事物，将那份能量归还给你。宇宙给你的将是你付出的好几倍，而且是在最恰当的时机，以最恰当的形式发生。那是神奇的过程。显然，你越是施予，你便为自己创造越多魔法。生命会开始为你服务。

——我是富裕。我是丰盛。我是喜乐。——

培养快活而恣意施予的强烈欲望和恒心。

——我是富裕。我是丰盛。我是喜乐。——

设定目标时，记得纳入几个跟恣意快活的施予有关的目标。依据因果律，施予是你能采取的强效行动之一。宇宙会加倍奉还，还给你七倍。你经不起在生命计划里错过施予这个管道，你经不起将一切托付给偶发事件。

——我是富裕。我是丰盛。我是喜乐。——

养成施予的习惯，做到想都不想便自然施予。这会使你成为一路走来始终如一的施予者，宇宙会为你工作。

——我是富裕。我是丰盛。我是喜乐。——

随兴地施予。

——我是富裕。我是丰盛。我是喜乐。——

培养施予的习惯，直到你能乐在施予，彻底享受施予。

——我是富裕。我是丰盛。我是喜乐。——

在施予的时候，想着并知道宇宙会反馈你并不碍事。不用假装自己对得到施予的回报不感兴趣。期待回报没什么不好。实际上，期待回报使那份回报更有回到你身上的能量。唯一会违反施予法则的状况是你期待接受你施予的对象给你回报，宣称："既然我帮你做了这件事，你就应该替我做那件事。"事实上，要求得到特定的回报，违反了宇宙法则。那会使你的心智聚焦在"交易"上，而不是"愉快而自由地施予"上。万万不可要求或期待接受你施予的人"报答"你。你收到的反馈，会来自宇宙认为最适合你的管道及时机，并且以最适合你的形式出现。

——我是富裕。我是丰盛。我是喜乐。——

总有能够施予的事物，比方时间、赞美、才华、金钱、知识、书籍，等等。

——我是富裕。我是丰盛。我是喜乐。——

施予有一项附加效果：让你看见你不知道自己拥有的事物。比如你希望拥有财富，于是你决定以协助别人学习致富之道的方式，先将财富施予别人。你看了像本书这一类的书籍，运用你得到的知识来指点别人，跟人分享书籍和资源。神奇的是，在这个过程中，你最后会醒悟到自己具备你原先以为自己没有的大量财富和致富能力。

——我是富裕。我是丰盛。我是喜乐。——

你周遭就有大量的施予机会，但只有在你决定开始看见这些机会时，你才看得到。

——我是富裕。我是丰盛。我是喜乐。——

也要学会优雅而愉快地接受。不要对接受感到别扭。那是你应得的；你得接受，才能跟施与受的法则和谐共鸣。

·

——我是富裕。我是丰盛。我是喜乐。——

施予的要诀是不强迫，自由而愉快地提供你的好意。发出好意，不要硬逼人家接受。如果对方不愿意接受你的好意，也能愉快地尊重对方的意愿。如果人家不领情，不要觉得受到冒犯，给对方做选择的绝对自由。也不要让人依赖你。当你让一个不需要你馈赠的人依赖你，这对他们并没有任何好处，因为你削弱了他们对自己、对自己能力的信念。

——我是富裕。我是丰盛。我是喜乐。——

以下是可能发生的情境。想象有个人没有什么财物能够施予别人、跟别人分享。但这个人很迷人又仁慈，尽管别人不曾赞美他，他还是经常满口夸奖他遇到的人。这个人找出鼓励别人、赞美别人的方式，因而提升了别人的心情和自信，但从来没有谁赞美过他。不过，用不着担心，宇宙的账簿是完美无瑕的。这一类的施予建立了他在宇宙系统里的存款。有一天，依据因果律和施与受的法则，这个人莫名其妙地得到他一直想要的单车，就在他需要的时候，以看似奇迹的方式。这个方式也许是赢得比赛，或是陌生人的赠礼，或数不清的其他可能性（俗称走运）。这便是施予的运作方式。有时宇宙会将你拥有、你能施予、你也真的施予了的小事整合起来，换成一件你没有但你要求过的重大事物，在完美的时机交给你。

——我是富裕。我是丰盛。我是喜乐。——

当你施予自己财物，你只施予了一点点。当你奉献自己，那才是真正的施予。财物说穿了不就是一些你担心明天会需要用到而留在身边保护着的东西吗？……而担心自己会有所需要的恐惧，不就只是恐惧吗？当你的井是满的，你解除不了的干渴岂不是对干渴的恐惧吗？有些人从自己拥有的许多财物里施予了一点点，他们为了得到认同而施予，而那份没有言明的欲望，使他们的馈赠失去美意。也有些人将不多的财富全部施予出去。这些相信生命、相信生命丰盛的人，他们的橱柜绝不会空虚……在别人请求时施予是好的，但别人没有请求，你便因体谅而施予更好……因为实际上是生命施予生命——而你，自认为是一个施予者，也只是一个见证者……你们都是接受者。

——纪伯伦《先知》

——我是富裕。我是丰盛。我是喜乐。——

在其余情况不变之下，一个人或社会越能正确地分享和施予，越能富裕和快乐。

现在，你知道怎么跟宇宙做生意了。宇宙本身就是施予的宇宙，因为生命就是为了施予而存在。你施予，然后接收七倍的反馈，你的好心真的会得到回报。本源、生命完全关乎施予；而掌管宇宙的智慧总会荣耀你的施予，永远如此。开心地施予吧！生命的每件事物都是一份礼物。尤其是在富裕和快乐方面，永远不要停止使别人富裕、快乐，你便会加倍得到富裕和快乐！

但施予跟什么是一对？是接受。什么跟接受又是一对？是感恩，谢谢！下面，我们来看看感恩。

16

第十六章

感恩：

敲定交易

生命的一切都是礼物。每个人、每一刻、每件事物都是礼物；只是我们拒绝拆开礼物，才没有收到送给我们的礼物。凡事都降临在感恩之人身上。这句话很符合事实，以下是它灵验无比的原因。根据因果律，你的感恩会吸引你感恩的事物。你应该在还没接收到任何事物时就感恩，因为基于宇宙法则，你知道自己一定会接收到。实际上，你连祈求都还没提出，你就拥有你祈求的事物了。感恩使你快一点接收，因为感恩宣告了你的信念；你热切而真诚地为你将会接收到的事物感恩，处于感恩的状态，更精确地说，你已经接收到了，并且即将开始体验。注意，早在你连"收"都没收到你要的事物时，你就在感恩了。实际上，你已经拥有一切；你只是还没体验到。

因此感恩是接收和体验的第一步。感恩是宣告你很笃定自己将会得到。想象自己对一件未来的事件感恩、兴奋，你知道那背后蕴含多少信心，并且让你飞快地向目标前进吗？那是很不可思议的！感恩不但是该做的事，还能创造信心，使信心增长。

感恩。

你感恩的事物会向你披露它带来的礼物，为你效劳。诸事感恩，因为每件事都帮助你发掘自己的一个特质。

——我是富裕。我是丰盛。我是喜乐。——

·

　　秘诀是学会接受你现有的一切，爱当下这一刻，爱这一刻的一切，你不会希望现况不一样，一心只想待在你置身的当下。这样做可以让你处于平静的状态，在这种状态下，最适合寻找当下这一刻蕴藏的礼物，如此你可以往你想去的方向快速成长。

——我是富裕。我是丰盛。我是喜乐。——

　　对过去、现在、未来的每件事感恩可创造奇迹。

——我是富裕。我是丰盛。我是喜乐。——

　　在其余情况不变之下，一个人或社会越能对每件事、对彼此感恩，越能富裕和快乐。

　　感恩不太需要解释，你知道怎样感恩。在你内心，你知道感恩多么神奇。你现在只需要体认到每一刻、每个人、每件事物，都是由你自己的选择、想法、行动、存在状态所带给你的。那是你招来的。世界只是在你周遭创造它自己，好让你体验自己的本我，并重新创造自己。因此对每一刻、每件事、每个人感恩；这是自我发现的最佳方式。记住，你抗拒的事物会持续。感恩否决了抗拒。一旦你感恩，你便能以清明的目光看待每件事，并且看见自己。

　　感恩的另一项红利是信心。现在就对你意图在未来体验的事物感恩，使你更笃定会在未来体验到那些事物，这又把那些事物带向你，使你对未来兴奋！

17

第十七章

意识：
你体验到自己能觉察到的事物

本书大致上是在谈富裕意识。但意识是什么？意识就是对某件事物觉醒。富裕意识就是对富裕觉醒。富裕当然一直都在那里，只是你不曾对它觉醒。你不能体验自己觉察不到的事物。意识就是使你能够对一种存在状态或体验觉醒的一套特质和能力。本书讨论的内容让你能够对已经在那里的富裕觉醒。快乐也已经在那里了。因此，朋友们，觉醒吧！

一国的物质财富只是该国的集体富裕意识的显化。任何群体都一样——从家庭，到企业，到各洲大陆，到世界。在一个群体中意识最昏昧的人会拉低意识最清明的人的体验。因此明智的人会尽力提升整个群体的意识，好让自己能够体验到更多事物。袖手旁观或是压低别人的富裕意识，是在扯自己后腿。

——我是富裕。我是丰盛。我是喜乐。——

好几个研究显示，很多赢得超过一百万元的彩票得主，后来的财务状况比奖前更恶劣。他们在短得惊人的时间里失去全部奖金，而他们累积的债务使他们的处境比原本更凄惨。使人富裕的不是金钱，而是富裕意识。没有富裕意识的人不能富裕，就算中彩票也没用。话说回来，具备富裕意识的人无法长时间缺乏金钱和财富。他们可能因为错误的想法或选择较高层次的选项而偶尔破产，但他们总是可以重新振作。他们不怕破产，因为他们明白就算破产也是一时的，他们天生就能立刻卷土重来。你可以拿走他们全部的钱，不出一年，他们很快会恢复富裕，最低限度也在迈向富裕的路上。那跟运气无关。

——我是富裕。我是丰盛。我是喜乐。——

当显意识、潜意识、超意识的自我都做出相同的选择，最强大的创造力便会供你差遣。要做到这一点，就要在你自我的这三个层次都提升意识和觉知力。你能觉察并意识到以前你习惯在潜意识中做的事。你可以做到这一点，办法就是决定你要觉知。决定你要觉察和深思熟虑；留意你的想法、行动、梦境，不要恍恍惚惚、晃来晃去地做白日梦，无意识地做事。内观（如实观察）静坐也很适合。这是另一个提升觉知的妙法。

要知道，你的本我会做选择，但如果你没有觉察到，就不会知道这些选择是什么。这些选择就是超意识。想要能够觉知到这些选择，就要尊重你的感觉（不是伪装成感觉的情绪或想法，而是实实在在的感觉）。你也能透过静坐，觉察到心智的超意识层面。

有些选择是你在显意识层面做的决定，有的则是在潜意识层面。你可以提高你对潜意识选择的觉知，做法就是决定你要觉知，并且留意你的想法。比如，以前你可能对某个特定主题抱持恐惧的无用想法，优柔寡断。这些想法在你做其他事情时，一直盘旋在你脑海；这些是背景思绪。好，现在你该做的是留意你的想法，不容许任何无用的白日梦像关在笼子里的野猴子一样，不断为了一件事翻来覆去。

重点是，如果这三个意识层次对同一个决定的选择都不一样，你得到的结果显然会很错乱，令你百思不解。解决之道是提升你每个层面的觉知力。

——我是富裕。我是丰盛。我是喜乐。——

所有创造的本源是一片有无限可能性与创造力的场域。我们真实的自我跟本源是一体的，具备相同的形象和特质。当我们觉知到这一点，并相信事实如此，我们便能运用这片无限可能性的场域和我们与生俱来的创造能力。

——我是富裕。我是丰盛。我是喜乐。——

一定要有不识贫穷为何物的富裕意识（精确地说，是了解贫穷的假象）。好好下功夫，直到贫穷的想法变得可笑，直到你觉得自己可能变穷的想法太荒谬为止。

——我是富裕。我是丰盛。我是喜乐。——

你透过提升自己的内在价值来创造金钱。要做到这一点，你可以阅读像本书这样的书籍，也可以记住你真实的本我具备跟本源一样的形象和特质，就是丰盛。接着，你跟人交换你建立的内在价值，借此体验金钱。你跟别人交换内在价值的方式是向别人提供服务、货物和金钱，来交换他们的服务、货物和金钱。记住，人的内在有独一无二的人生目的或能力。他们实践了这份能力或人生目的的一部分或全部；他们运用自己的内在价值来创造事物。因此，他们创造的事物是独一无二的，而交换这些独一无二的创造物则带来钞票，或者说现金。钞票只是交换我们开发的独特内在价值的媒介。透过建立内在价值来建立富裕。运用现有的内在价值实现你的人生目的和能力，借此体验富裕。一切全在你之内。要建立外在的富裕，就建立内在的价值然后予以运用。就这么简单。内在价值最主要的成分是所有人可立刻取用的，也就是信心，亦即笃定、想象力、探究与专注。活动、采取行动，将内在价值转换为外在价值、物质财富。

——我是富裕。我是丰盛。我是喜乐。——

富裕会追随具备富裕意识的人，而不是反过来。富裕意识来自对荣华富裕的信心十足的状态和想法。内心容不下任何贫穷或限制、怀疑或匮乏不足的想法。也不允许恐惧和怀疑的状态存在。

——我是富裕。我是丰盛。我是喜乐。——

赚钱与直接操纵你如今称为金钱的东西毫不相干。只跟富裕意识息息相关。

——我是富裕。我是丰盛。我是喜乐。——

富裕是可预测的结果。富裕的起因是可预测的，每个人都可自由撷取，没有例外。

——我是富裕。我是丰盛。我是喜乐。——

外在事物会让你体验富裕，或阻碍你体验富裕，视你内在有多少富裕意识而定。快乐也一样，外在事物会让你体验到快乐，或阻碍你体验快乐，视你的内在有多快乐而定。其余事物也一体适用，诸如和平、爱、不批判、不谴责、不分裂，等等。

——我是富裕。我是丰盛。我是喜乐。——

集体意识对你的富裕和快乐影响很大。你创造生命里的许多事件。但有些事件之所以发生，尤其是重大事件，是因为你的世界、你的社会、

你身边那些人的思想和意识。你已经听过这个概念的许多不同形式了（有
两个或更多人聚在一起时……）你不是单独的人；你跟别人不是分离的个
体。你这个个体，对整个群体很重要，反之亦然。你的富裕和快乐程度，
是由你自己和其他人共同决定的。请仔细地了解这一点。没有人可以阻碍
你的快乐和富裕，因为是你一个人选择要将经验到的每件事视为好事或坏
事，别人夺不走你的内在决定。只有你能选择拥有富裕或快乐，除了你自
己，谁都不能剥夺你的选择。

话虽如此，如果你周遭的人拥有适当的意识状态，你会比较容易遇
到美好、快乐的机会和事件。把你的心智想成是灵的延伸，把你的身体想
成是心智的延伸，把你的周遭环境和其他人想成是你身体的延伸，而世界
则是你环境的延伸，因此，整个世界就是你范围比较大的身体延伸。别
人也是这样。据此，在你延伸的身体里的"好"或"坏"，都会依据它跟
你之间的"距离"而影响到你。因此，在这个世界散播富裕与快乐的意识
来"改善"延伸身体的整体，很符合你的切身利益，因为在身体的一部分
所发生的事，会影响整个身体。社会上只要一个人提升了，便会引发一连
串的反应，使社会上每个人出现程度不等的提升。因此提升你自己，提升
别人，你自然也会向上提升。就算你只告诉几个人，那也够了，但尽力公
告周知，便可大幅提升这个宇宙。本书就是一个起点，跟别人分享这本书
吧。利用网络、电子邮件、手机的简讯。我们发明这些价格实惠的沟通网
络，证明了我们会越来越体会到大家是一体的，大家也是持续在那份体会
下成长的工具。因此运用这些网络；记住它们。

——我是富裕。我是丰盛。我是喜乐。——

变得富裕、快乐的妙法之一是天天静坐。静坐让你跟你的高我搭上
线，本书的教导于是可以变成你，变成你的体验，融入你身体的每个细
胞。这些教导不再是纸上谈兵的理论，因为它们就是你。你将不必再吃力

184

·

地操练和记住这些道理，因为它们就是你。开始静坐吧，不久，这便会发生在你身上。在此建议的静坐法门是内观（如实观察、内省）。

——我是富裕。我是丰盛。我是喜乐。——

在其余情况不变之下，一个人或社会越能在本身及其周遭的人身上建立富裕、健康、快乐的意识，越能富裕、健康和快乐。

现在，讨论一个较大层面的时候到了。现在应该来探讨意识的载体——本我，亦即宇宙的建造者，以空间和时间为素材来创造体验的建造者。

18

本我：
宇宙的建构

现来该来看看第一起因了，凡事都源自第一起因。古有明训：认识你自己。

你的本我、你的灵、你的灵魂，随你怎么称呼，都是真正的你。你的其余部分只是一套工具。你的个性、身体、小我只是本我暂时借用的工具，本我永远存在，即使在你抛弃其余的一切之后。

你的本我是你整个世界的第一起因。你的任何存在状态，源头一定是本我。你的思想来自本我。你的欲望来自本我。你想得出世界上有什么东西不是来自灵吗？任何事物都不能在灵之外存在；任何事物都无法在生命之外存在。连富裕都有第一起因。现在你明白为什么一定要认识灵了，如此你才会知道如何提高跟自己生命的第一起因的连接和觉知，进而在生命中创造富裕和快乐的体验。

本书前面已经多次谈到灵，尤其是解释存在状态的时候。现在我们要看本我的两个层面：一是你实质的灵的层面，一是你以人格体（personality）的生命形式在这个世界所做的事。我们会讨论什么对你和你的本我才是健康的——什么能帮助你拥有富裕与快乐。

你是第一起因。

人会吸引到跟自己相同的事物，而非他们想要的事物。他们会吸引自己喜爱的事物和恐惧的事物。他们会留住自己批判、谴责的事物。他们抗拒的事物会持续存在。他们接纳并悉心检视的事物则会释放他们。他们真心相信的信念，将会在他们的生命里成真。

·

——我是富裕。我是丰盛。我是喜乐。——

凡事往好处看。注视光明，就绝不会看到黑暗。

——我是富裕。我是丰盛。我是喜乐。——

变化是宇宙唯一的常数。凡事都是时时刻刻不停变化的。生命完全关乎变化，成长随着变化而来。有一天，你连自己的肉身都会抛下。你绝不可能真的拥有在地球上的任何事物。认为自己拥有什么事物，那件事物就反过来拥有你。所有权的想法造成对变化的抗拒，抗拒威力无边的宇宙以其无限智慧所做的事。一旦你开始认为自己拥有什么，那件事物就立刻拥有了你。如果你希望能够明智地享用荣华富贵，让财富发挥作用，就必须将所有权的概念，改为暂时的保管权，可运用某件事物、保留某件事物、照顾某件事物。如此，你就准备好在面临变局带来免不了的改变时"顺其自然"，不至于失落、痛苦。许多痛苦是抗拒改变造成的。抗拒改变就表示你相信自己未必可以拥有某些事物、你可能失去某些事物。然而，在较高层次上，在灵的层次上，你随时拥有一切。

——我是富裕。我是丰盛。我是喜乐。——

是什么让你却步？你拥有一切。你可以选择体验本我的任何一部分，只要你做出选择时是热切而坚定不移的。有信心，凡事都可能。反正一切都是你的。

——我是富裕。我是丰盛。我是喜乐。——

你在等什么？

·

——我是富裕。我是丰盛。我是喜乐。——

平静是日积月累出来的智慧果实。平静给人真正的控制力和精准的思想。

——我是富裕。我是丰盛。我是喜乐。——

欢庆生命！

——我是富裕。我是丰盛。我是喜乐。——

对未知的恐惧令人动弹不得，这是完全不必要的。只有在未知里，才能找到成长、新鲜事、创造。已知、过去都是体验过的事物，已然消逝了。以前的时刻是消逝的时刻，只在你的记忆里徘徊不去。有时我们会不断重现过去，一遍又一遍，因为害怕失去它而维系它。但新的成长、新的创造只存在于未知中。学习去爱并珍惜未知的礼物和力量。选择这样做，你会发现自己踏上探索与成长的美好旅程。永远记住你的本我无所不知，没有什么是它不知道的。只有你的小我因对时空的狭隘观点，才会只知道一切万有的一小部分。相信你的灵、你的本我绝不会伤害你。你是你的本我，不是你的身体和小我。所有的痛苦都来自恐惧，来自深深相信这个世界的假象。放手吧。

——我是富裕。我是丰盛。我是喜乐。——

未知挟带大量的机会、知识、潜力和报酬。常常涉足未知。

——我是富裕。我是丰盛。我是喜乐。——

前后一致的人生目的，好奇心，自信，勇气，欢快，笃定的意图。这些都是好东西。

——我是富裕。我是丰盛。我是喜乐。——

你为什么裹足不前？

——我是富裕。我是丰盛。我是喜乐。——

放手。

——我是富裕。我是丰盛。我是喜乐。——

在每一刻、每个情况，面对每个想法和行动，问自己两个问题：

这就是我对自己最辉煌的愿景的最宏伟版本吗？
爱会怎么做？

依据这两个问题的答案，调整你的想法和行动。这是在人生所有领域里飞快成长的方法。

——我是富裕。我是丰盛。我是喜乐。——

质疑每件事，不排除任何可能性。要愿意暂时放下你所知的一切。在你停止告诉新事物你认为它们应有的模样之前，你不会发现新事物。由新事物告诉你它们究竟是什么吧！

——我是富裕。我是丰盛。我是喜乐。——

天天锻炼身体。身体是一套能量系统，也是心智的延伸。运动开启你心智及身体的能量管道。记住，思想是能量，你的心智遍布你的全身，在你身体每个细胞里，不是只在你的大脑里。天天锻炼身体，你的心智、想法都会强化很多。

——**我是富裕。我是丰盛。我是喜乐。**——

变化是唯一的常数。热爱变化，拥抱变化。找出变化带来的礼物。改变。反正这是世间唯一的游戏，生命的游戏，就是变化的游戏。

——**我是富裕。我是丰盛。我是喜乐。**——

一个人会遇到的机会、生意、情况、人，视他具备并运用多少富裕意识而定，让他将自己具备并选择动用的富裕意识，显化为物质形态。这跟运气和巧合无关。有些人称之为运气和巧合，但那其实是充满无限智慧的宇宙，精准地执行巧妙的计划，分毫不差地重现我们以笃信的心所想象出来的个人样貌。

——**我是富裕。我是丰盛。我是喜乐。**——

你是你自己的运气。

——**我是富裕。我是丰盛。我是喜乐。**——

什么是"可以"？什么是"应该"？可以跟不可以、应该跟不应该的界线在哪里？界线真的存在吗？还是你我捏造的呢？

——**我是富裕。我是丰盛。我是喜乐。**——

你就是魔法。

——我是富裕。我是丰盛。我是喜乐。——

改变就是宇宙的秩序。生命关乎改变。成长和演化就是生命的宗旨。紧抓着事物不放不但没有效益，还对你有害。当你抗拒改变，你赢不了人生的游戏。

——我是富裕。我是丰盛。我是喜乐。——

现在你知道真相了，你知道始终如一遵从宇宙的法则，将这个真相随时牢记在想法里，你将不会再受到物质世界影响。你会成为世界的主人，而不是世界的奴隶。真相让你重拾自由。

——我是富裕。我是丰盛。我是喜乐。——

生命只关乎成长、意识的扩张。生命、本源、神的设计，或者说计划，从来都不是要禁止你扩张意识。事实上，生命完全是设计来让意识不断扩张的。你扩张意识，包括富裕意识，符合整个宇宙的最佳利益。生命想要表达、体验自己，如此才会有演化和成长。如果你想得够透彻，富裕对于促成这样的成长很有帮助。一旦拥有财富，你就能自由探索生命中那些没钱就不能接触的许多其他层面。任何抵触的情况都违反了生命。你对富裕的欲望是非常自然且必要的，如此你才能向更高层次迈进。富裕不但是自然的，而且只要你遵守自然的法则，你会受到大自然的倾力支持。古籍告诉我们，神也希望你得到富裕，只要你顺天，大自然也会善待你的致富计划。

——我是富裕。我是丰盛。我是喜乐。——

我们活在相对的世界。每件存在于你之外的事物，都以最巧妙的方式，协助你认识自己、重新打造崭新的自己。这些事物都是最巧妙的，因为对所有的存在来说，这都符合事实。没有矮子，高个子绝不会知道自己高。没有"坏"人，"好"人绝不会知道自己"好"。反之亦然。你需要比较的架构和反例来知道自己是什么，并选择接下来要变成什么样子。在你开始认定每个人、每件事物都为你捎来某种礼物的那一天，当你设法厘清这些礼物是什么，同时醒悟到自己在这世上也是为了让别人可以定义他们自己，并愿意达成别人的请求，也就是你开始迅速迈向更富裕的那一天。

——我是富裕。我是丰盛。我是喜乐。——

爱你自己、你的顾客、你的世界、你的家人、每个人、每件事物。爱是最强大的力量。

——我是富裕。我是丰盛。我是喜乐。——

你希望变得富裕。那很棒。但你是谁？这是很深奥的问题。问自己："我是谁？"你的第一个答案也许是"我是珍"或"我是乔"。然后你也许会说这样的话："我是二十八岁的女性，克罗地亚人，性子很急但很快乐，有时候会疑神疑鬼，但大致上算有自信。"真的吗？那真的是你吗？这里的每一条描述都有起始的时间。你的父母给你一个名字；你在岁月的推移下养成了你的习惯、个性、性情。这些极少是与生俱来的，你投胎时也不具备这些特质。亦即，这些都不是真正的你，当你前往下一个存在的层次，你会把这些特质都留在这个层次。所以说这些都不是真正的你、你的本我。这些是你穿在本我之上的"夹克"，你会随着时光流转脱下这些夹克（人是会变的），有些则是在离开地球时才脱下。

看看这句话："我是二十八岁的女性。"你的本我真的只有二十八岁？本我有没有可能在你投胎到这个世界之前就存在？你的本我绝对是男性或女性吗？你不需要知道这些问题的答案就能富裕。但务必要体认到一件事，就像我们前文说过你不是你的情境，你长年累月对自己抱持的一些看法也不是你。这些"夹克"能够帮助你、对你有用，有时却会拖累你。过度认同这些夹克的人，尤其是认同负面夹克的人，其实是将自己关在牢笼里、箱子里，困在自己不能逃脱的处境下，害怕一旦逃走便等于背叛了自我，或是害怕他们的自我没有本事，但那些信念从来就不是他们真实的本我。下次你逮到自己说"我做不到，因为我是……"时，重新检视"我是"的部分，问自己你真的是那样吗？抑或那是你在人生路上穿上的一件夹克，一件你很确定有朝一日会脱掉的夹克，一件大可现在就脱掉的夹克。

身体细胞天天在改变；想法来来去去；小我跟自我形象也会变。这些都不是真正的你。你的本我是超脱在时间之外的存在，它穿上许多幻象的夹克，这些夹克应该为你效劳，而不是阻碍你——这些夹克其实是由你自己控制的，只是你常常忘记这回事。这些假象、这些夹克，是非常必要的。这些是你的本我用来在物质世界体验自己的工具。想一想目前为止你对灵和量子物理学的知识。所有的物体在我们狭隘的五感看来是独立的个体；但实际上，所有物体都属于同一片根本没有分离的大能量池。灵也只有一个，但分化成"个别的人"。它是分化，不是分裂，就像世界上的海洋区分成深度、潮汐、特征不一的水域，却是同一个海洋。你的灵只晓得爱，它不能杀死或伤害自己。它长生不死，它也是一。它不能"破产"，因为它拥有一切，拥有纯粹的富裕和丰盛。

为什么灵有必要经历尘世的生命？想象你出生在一个极度富裕的地方，人人都是超级富豪，谁都不缺什么，欲望一律瞬间实现。这样你要怎么体会拥有富裕的兴奋？那是不可能的。你会知道自己是富裕的，但这种富裕对你没有意义，因为你从来没有跟贫穷做比较的经验。你从来都不必在贫苦的环境中追求富裕。明白了吗？你得先在这片超级丰盛的土地"破产"，体会苦日子的煎熬，然后努力重拾富裕，才能感受到拥有富裕的兴奋和经验。

195

即使是你知道的事，除非创造出相反的体验，否则你不可能体会到自己知道的事。这便是灵的处境；它无所不知，但除非它创造出不知道真相、匮乏的幻境，否则体验不到富裕。让我们回到前面的例子。如果在那片无比丰饶的土地上一切都是富足的，你怎样都不能变穷。因此你得创造假象，让自己一次只能看到整个世界的极小部分。比如，你不能一眼就看到自己有一辆车、一条路、一栋房屋、一个购物中心，假象会局限你的视野，让你只看得到这辆车，这是一开始。然后，你有了工作，你开始看见这栋房子。诸如此类。一旦你能看见全貌，你会因为终于认识了自己一直以来都知道且拥有却不能体会的事物，而振奋不已。这便是我们在尘世经历物质体验的目的。

另一个了解这个观念的方法是想一想你真心喜爱的事物。想想你最爱的食物甚至是跟你心爱的人享受畅快的性爱。如果你每时每刻都在吃你最爱的食物，在你清醒跟睡眠的每时每刻都吃个不停，或你每次做爱的形式都千篇一律，现在你是不是能看出来，到时体验就不再是体验，反而成了没有实际经验的认知，因为那将是你仅有的经历。你的全部进食经验将会只有这一种你心爱的食物，最后你不会知道任何其他不一样的进食经验，你最爱的食物将不再带给你快感。这是很简单的例子；在最高的灵的层级，状况非常复杂，但至少你懂这个概念。

还不信吗？再来另一个例子：爱的体验。灵是不朽的，跟万物是一体的。它只知道爱，却体验不到爱，因为没有可供比较的其他东西。在灵的终极层次上，所有存在的事物都是一（One），而一知道一切都是一体的；它没有陷入分裂的假象。有些人会称之为神。让我们把它想成是本体、生命，或本源、一切万有、我本是。一切万有、生命、本体，就是这样，一切皆然。"它"不是他，不是她，也不是它。它是万有。除了一，什么都不存在，因此除非一将自己分化成不同的个体，否则它没有任何可供它体验自己的素材。这种分化和假象始于较低的层次。创造一个意识受限的物质世界是必要的，在那里有分裂的假象，可以"杀死"肉体，受伤、吃苦、匮乏。在这个物质世界，可以采取无爱的作为，造成伤害，爱会兴起，于是你可以体验到爱的果实，尝到爱的滋味。

现在你明白幻觉是非常必要的手段。你、你的本我需要幻觉、利用幻觉。只有在你的小我令你相信幻觉时，才会造成问题。小我的作用就是创造分裂的假象。这是必要的。但当幻觉被视为真相，就不再是供你体验灵及一切万有的伟大工具。幻觉反而变成痛苦的陷阱。你不再"假装"自己没有财富来体验拥有富裕的畅快，反而开始"相信"自己真的不富裕。你停止假装自己是分裂的独立个体而且承担风险，开始相信自己真是那样。这便是许多痛苦的起因。学会运用幻觉，而不是相信幻觉。耶稣说："置身在这个世界，但不要属于这个世界。"正是这个意思。

只要觉知到自己的真实身份，就会为生命带来惊人的正向转变。你是有身体、人格体、小我的灵。你不是有灵的身体、人格体、小我。

——我是富裕。我是丰盛。我是喜乐。——

最重要的是绝对要在人生中拥有喜乐，快活一点；别把事情看得太严重；对人对己都不要太严厉；让喜乐进入生活中。喜乐是自然状态，是灵魂在展现自我。喜乐使能量循环不息，让整场人生值回票价！喜乐所吸引来的事物都会以倍数成长，而且妙趣无穷。好好享受吧！

决定从此不再担忧，不再感到受挫，不再希望自己是在别处做别的事，不再恐惧。这些都是在宣示你很匮乏，会延续匮乏的状态。

——我是富裕。我是丰盛。我是喜乐。——

做任何事之前，永远问自己："这就是我吗？""我想要这样定义自己、进入下一个较高层次吗？"

——我是富裕。我是丰盛。我是喜乐。——

一切都在你之内。

——我是富裕。我是丰盛。我是喜乐。——

在你放眼所及的一切事物，全都是因你而起。那你为什么要讨厌现在在你周遭的事物？如果你不愿意这项事物继续留在你身边，问自己：是你的哪一部分或层面导致它出现，你很快便会发现自己有一些最好改变的地方。

——我是富裕。我是丰盛。我是喜乐。——

凡是发生在你周遭的事，其全部或部分的起因，是来自你整个本我的某个层次，只是你可能没有意识到是自己的哪些选择，造成你如今的世界。

——我是富裕。我是丰盛。我是喜乐。——

谴责和批判使谴责和批判的事物留在原地。

——我是富裕。我是丰盛。我是喜乐。——

你不是你的过去，完全不是，一点都不是，除非你要坚持那就是你。

——我是富裕。我是丰盛。我是喜乐。——

灵魂是你最贴近一切万有的本源的一部分。它是本源的个体化分身，具有本源的形象和特质。你的灵魂所知道、所能感知的事，远超过你的肉体和心智。灵魂透过你身体的感觉和直觉，跟你的心智沟通。如果你希望加速成长，减少不必要的挫折和痛苦，就永远聆听你的感觉和直觉。

——我是富裕。我是丰盛。我是喜乐。——

你是有身体的灵魂，不是有灵魂的身体。你是有身体、心智、人格体、小我的灵魂。知道这一点以及知道灵魂是什么，使取得财富的过程出现巨大而有力的转变。

——我是富裕。我是丰盛。我是喜乐。——

静坐让你可直接接触到意识的统一场域（unified field）、统一心智（unified mind）和无限的智慧。经由静坐，一个全新的世界会向你敞开。静坐会让你发现平静、智慧、启发。这是通往富裕及许多其他事物的另一条路，是无限富裕意识的源头，你随时都可自由取用。

——我是富裕。我是丰盛。我是喜乐。——

灵感和欲望是灵魂想在这个物质世界表达、显化的事。实现你目标的捷径是留意你的欲望和灵感。开发你的直觉。

——我是富裕。我是丰盛。我是喜乐。——

身、心、灵是相连的。要明白这一点，你可以把心智视为身体最精微的部分，把身体视为心智最坚实的部分。在生活里落实这项知识，亦即给身、心、灵同等的重视、照顾、注意力，你的成长会最快速，致富也最快速。

——我是富裕。我是丰盛。我是喜乐。——

能够开出白色百合花的球根是不堪入目的东西；有人觉得它看了就

恶心。但既然我们知道球根蕴含着百合，嫌弃球根的长相是多么愚蠢啊。球根在同类中是完美的；它是完美但不完整的百合，因此我们必须学会在看待每个男人和女人时，不论他们的外表多么不可爱，在他们现阶段的人生中他们都是完美的，而且正逐渐变得完整。瞧，一切都很好……你将文明视为渐入佳境的好事，或是正在败坏的邪恶坏事，对你的信心和精神会造成极大的差异。一个观点给你前进、扩展的心智，另一个观点给你下降、衰减的心智。一个观点令你成长壮大，另一个观点则免不了令你窒碍难行。一个观点让你可以大刀阔斧投入永恒的事物，使一切不完整、不和谐的事物能够完整；而另一种观点则使你沦为东拼西凑的改革家，在你越看越感到迷失的凄惨世界中，几近绝望地去挽救几个失落的灵魂。因此，要知道你的社会观点，会使你的处境截然不同。"这个世界一切都是对的。凡事都不可能是错的，唯一会错的是我的个人态度，而我会修正我的态度。我会从最高的观点，看见大自然及所有事件的事实、情况、社会环境、政治现状。一切都很完美，只是不完整。一切都是神亲手打造的。看哪，一切都很好。"

——詹姆斯·艾伦

——我是富裕。我是丰盛。我是喜乐。——

这么多事要从哪儿开始做起？开始动手做就对了。就这么简单，做就是了。现在就做。

——我是富裕。我是丰盛。我是喜乐。——

你的真相对你来说总是最真实的。真相是私人的，是变动不定的。尽管你应该与专家、顾问、好书为伍，永远遵循你觉得符合真相的教诲，但不要盲目听信外来的资源；向你的本我查证资料是否属实。

——我是富裕。我是丰盛。我是喜乐。——

本源随时透过各种形式的内在及外在管道向我们每个人说话。永远动用全部管道。是我们自己封堵了这种沟通。开始留意你观赏的电影、你收看的电视节目、你阅读的杂志、你交谈的对象、你关注的生活事件、你的直觉。这些讯息管道，以及许多其他的管道，都会送来协助你提升的讯息、来自本源的讯息。只要敞开心扉，愿意接收就行了。

——我是富裕。我是丰盛。我是喜乐。——

举手投足要活得像你已经很富裕了，你确实很富裕。

——我是富裕。我是丰盛。我是喜乐。——

除了你画地自限，否则没有真正的限制存在。

——我是富裕。我是丰盛。我是喜乐。——

做个势无可挡的人吧，做法就是拒绝停下来。

——我是富裕。我是丰盛。我是喜乐。——

这有点像跟大猩猩打架。你不会在自己打累的时候放弃，你会在大猩猩累了以后才歇手。

——罗伯特·施特劳斯（Robert Strauss）

——我是富裕。我是丰盛。我是喜乐。——

你的潜力多到一辈子用不完，甚至够用几辈子。别再找借口、相信限制了。

——我是富裕。我是丰盛。我是喜乐。——

根据我们与生俱来的本质，我们有无限的潜力和能力。"我不行"根本不存在，因为那是假象。既然没有外在的事物能够阻挡你，那是什么拦住了你？

——我是富裕。我是丰盛。我是喜乐。——

你的灵魂是你最贴近神、本源的一部分。你的灵魂透过感觉和直觉跟你的心智交谈。聆听你的感觉和直觉。遇到冲突的想法和情绪时，要以感觉和直觉为准。但是小心，有的想法和情绪会将自己伪装成感觉。保持静定，你就分得出哪个是哪个。

——我是富裕。我是丰盛。我是喜乐。——

压抑的欲望会形成沮丧，这可能导致更严重的问题。有时，会使人以不健康的方式满足这些压抑的欲望。抒发欲望，可创造生命和喜悦。

——我是富裕。我是丰盛。我是喜乐。——

坚定地依照你的感觉和直觉行事，这些是你跟本源最密切的沟通了。

——我是富裕。我是丰盛。我是喜乐。——

你是有身体的灵魂，不是有灵魂的身体。当你透彻地明白这一点，生活中随时谨记在心，你的力量会增加。

——我是富裕。我是丰盛。我是喜乐。——

"我是……"这是你做声明的新句型。"我是……"宇宙绝对会听从你排放在"我是"后面的话。

——我是富裕。我是丰盛。我是喜乐。——

你不必仰赖任何身外的东西就能富足。

——我是富裕。我是丰盛。我是喜乐。——

自由，这是你的天性。保有并行使你的自由，同时允许别人保有并行使他们的自由。

——我是富裕。我是丰盛。我是喜乐。——

停止选择遵从别人为你做的选择，开始自己选择。

——我是富裕。我是丰盛。我是喜乐。——

天天静坐，即使一天只做两段十五分钟的静坐也好。这让你跟本源搭上线，让你知道自己的真实本性，带来启发，并向你展示终极的实相。

——我是富裕。我是丰盛。我是喜乐。——

你说自己是怎样的人，你就是怎样的人。

——我是富裕。我是丰盛。我是喜乐。——

体验是在你之内，不是在外面。比如，两个人去玩游乐场的同一座云霄飞车。一个在走下云霄飞车时觉得痛快又过瘾，后续的影响在一生中是正向的，因为每件事都是别的事的起因。另一个人在坐完同一趟云霄飞车后，内心充满恐惧和惊骇，后续的影响在一生中是负面的。同一趟云霄飞车给两个人的体验截然不同。任何体验都不能存在于体验者之外。即使你觉得糟糕透顶的事件，对别处的别人来说却是乐事。重点在于当你选择以正向的立场体验事情，你的人生就会是正向的。每件事的意义都是你赋予的，你怎么说你的体验，那就是怎样的体验。

——我是富裕。我是丰盛。我是喜乐。——

下次遇到状况，认清那是假象；决定你要把它视为怎样的体验；然后重新创造你自己，好让假象变成你喜欢的样子。这适用在财务状况，以及生活里所有的其他状况。

——我是富裕。我是丰盛。我是喜乐。——

健康的人通常比较容易创造财富。健康代表身心灵之间的和谐。不健康是三者之间不一致造成的：例如，充满负面思想和愤怒的心智导致身体不健康。没有休息、滋养、运动、禁绝毒素的身体会扼杀心智。聆听、注意、尊重你的身心灵给你的讯号。

——我是富裕。我是丰盛。我是喜乐。——

天天运动和静坐可以提升能量水平和正向情绪，让你处于创造富裕和成长的超强大地位。

——**我是富裕。我是丰盛。我是喜乐。**——

记住"我是……"宇宙、本源会完美显化全部的"我是"声明和所有笃定的存在状态。宇宙里唯一的时间就是现在——当下。"我是"确实有效，而且使用现在时，符合永恒存在的当下这一刻。"我将是"根本无法相比。

——**我是富裕。我是丰盛。我是喜乐。**——

自由。保住你的自由，并允许别人自由。

——**我是富裕。我是丰盛。我是喜乐。**——

别把人生看得太严肃。享受人生！像孩子一样游戏人生。走到哪都笑口常开。喜乐是你的真实天性，顺从自己的真实天性可促进你得到富裕。

——**我是富裕。我是丰盛。我是喜乐。**——

休息，摄取适当的饮食。为心智和身体的能量系统充电。

——**我是富裕。我是丰盛。我是喜乐。**——

提升你的觉知，你会更能觉察你的潜意识层面。做法是决定要觉知全部的想法和行动，要观照并引导它们。静坐可大大提振你的觉知力。内观（反省）的如实观察静坐是很好的技巧。

——我是富裕。我是丰盛。我是喜乐。——

神奇的真相如下。当你以智慧使内在自我变得富足，你外在自我也会成长、富足起来，但你会越来越不在乎富裕，渐渐放下执着，富裕就会渐渐放下对你的敌意。你终究会变成一个自然而然就富裕的人，拥有孩子般无忧无虑的率性，你将会享受自由。

——我是富裕。我是丰盛。我是喜乐。——

欲望向你指出你在哪些方面具备内建的能力。你以前可能没有驾驶过飞机，但如果你有这种欲望，就表示你的本我具备学习驾驶飞机的能力和天性。说真的，你的本我知道一切，但欲望让你知道在你灵魂的较高层次，你驾驶飞机的欲望是受到全力支持的，整个宇宙都会帮忙显化你的欲望。做生意时最好也遵循你的欲望；如此，你就会看到自己可以实现欲望的证明，你也将乐在其中。欲望也向你指出本我的哪些部分要求你注意、进化、成长，一切都朝着完美进展。欲望是本我发出的讯号。

——我是富裕。我是丰盛。我是喜乐。——

我们再重温一次时间的内容。你现在知道时间是什么。时间是你的意识创造的错觉，使你一次只能看到整个时空连续统的几小部分。记得足球场的例子。你看到球场上的一件物体需要时间才能从球场里面的一个事件移向下一个事件，但球场本身看到所有的事件同时发生。对球场来说，时间不存在，只是一直处于所有事件（球场上的全部物体）同时发生的永恒当下。

你的意识就是球场上的一件物体。那球场是什么？它是你的灵或灵魂。你或许想象灵跟意识一样大，其实灵比意识大许多。灵涵盖你生命的所有层面，甚至包括你尚未觉醒的层面，那些你意识不到的部分。灵现在就存在于你的过去和未来，但你只对目前这一部分觉醒。你的灵是永恒的，它的存在超脱时间，你的意识则不是。灵是多维度的，你的意识则通常具备四个维度。

这里的重点如下：你的灵透过你的直觉和感受跟你沟通。灵知道你的未来和全部的可能组合。但灵必须经由你的意识来体验它知道的事。其实，它无所不知，但它需要在物质界的意识来体验它知道的概念。你的本我知道你未来每个事件的确切发生时间，也确切知道你现在得做些什么来使事件在那时候发生。但你的未来并不是定数。未来会随着你的每个选择改变。不论你做什么选择，你的灵都知道后续会发生的一连串事件。如果你希望未来的人生可以达成特定的目标，灵会确切知道怎样达成目标，清楚每一步该怎么走。

有句老话说："灵下命令，宇宙就会顺从。"对灵来说，凡事都瞬间实现，因为灵同时遍布整个"球场"。你的愿望不瞬间实现的主要原因是你可能不听灵的话。在许愿以后似乎要过上一段日愿望才显化为体验的主因，是你未必都听灵的话。如果你在每个阶段都觉知到灵的选择，你透过直觉和感受得知灵的选择，你将会做出相同的选择；一旦你做出选择，你会发现自己选择的事物当下出现在你面前，准备好供你体验。

试着明白这一点。你的灵可在瞬间得到一切。在做选择与实现之间没有延宕。但你的意识通常会体验到延宕。延宕是你的小我（你在地球上的人格体）跟你的本我之间的选择不同而造成的。记住，你是你的本我，但你也有小我、人格体和心智。因此，所有的选择都是你的，但或可说，灵的选择是最强大的。但宇宙会执行你所有的选择。如果你的本我选择体验一个叫作A1的选择，你的小我则选择A2，A2会实现，只是你会体验到"时间"上的"延宕"，这是因为两个选择都传达给了宇宙而造成的"混乱"。但如果你的小我和灵魂都选择A1，你完全不会体验到延宕。现在的人把这称为同步性（synchronicity）。同步性就是当你想到某件事或某人，这件事或这个人就立刻"很巧地"出现或找你。你可能会有："哇！好巧！"的反应，但那不是巧合；那只是灵的选择与小我的选择一致，心智与情感的选择一致。当你的其余部分做出的选择都和灵相同，选择带来的结果便会瞬间出现。

你的欲望来自灵。灵会选择事件的正确发生顺序，以得到想要的结果。记住，你是你的灵，因此这些是你的选择。但你有许多构成部分和层次，其中有些只有在你选择要知道以后才意识得到。恐惧属于小我的世界。情绪和不超然也是。这些都会阻碍你的选择在瞬间显化，就算你知道是灵的选择也没什么用。恐惧是看似真实的虚假证据。情绪来自以前的熏陶，那是反应，不是创造，而生命关乎创造。不超然源自恐惧，源自把失去和失败的假象当真。

学会有觉知、有直觉、超然、有创意，不要反射性地反应。开始将恐惧当作看似真实的虚假证据，你会越来越常在你刚做出选择或做出选择不久以后，体验到你做的选择。学会信任你的直觉。醒悟到你是灵魂，你的真实本质无法摧毁、无所不知、实际上无所不在，而你拥有一切。你的身体和小我只是为了让你体验本我而创造出来的幻象。在灵的层次上，即使就在你阅读这句话的当下，你也在你的未来。那你何必畏惧下一刻呢？下一刻已经由你搞定了，而你不可能伤害你自己。即使是大家最害怕的死亡，一样也没有畏惧的道理。

想想看吧，如果灵不再需要肉体，肉体能怎样阻挡灵离去、带走生命？根本没办法！如果你的灵选择向前走，它就走了。不可能"困住"灵。而如果灵仍然需要肉体，肉体又能做什么来离开灵？根本没办法！你的灵在过去、现在、未来，可以看见你的身体看不到的事。你的身体不能密谋推翻灵。你看出小我对死亡及其余一切事物的恐惧是徒劳无功的挣扎吗？你看出恐惧才是造成破坏的祸首吗？灵什么都不会失去。它不可能失败。灵明白这一点，即使在肉身死亡后（改变形态），它仍然完好如初，跟以前一样，一切都很好。畏惧死亡的是小我，而那只是因为死亡是未知。你可能听说过，了解死亡的人就不再害怕死亡了。

现在，想想你的出生。一如你大概觉察不到你以灵的身份所做的全部选择，你十之八九不知道你对自己的出生做过的选择。但这不表示你没有做过选择。你选择了人生目的，这已在人生目的那一章说明过了。你有许多人生目的、欲望以及在各个层面继续成长的愿望。你精确地选择出生的恰当环境、身体、外形、地点，以实现你的欲望、人生目的、成长的选择，并停止相信某些假象。在每一刻，你都将正确的人、事、物送进自己的生命，好让自己迈向下一步。有时，你的小我会拒绝接受这些人、事、物，尽管如此，你还是会将它们送来。你开始明白全套的运作方式了吗？

如果你还是不信服，想想这个。为什么人家会在考虑自杀时说"我没办法再跟自己活在一起了"？看看这句话。句子里有两个人。看来像一个人在说："我没办法再跟那个家伙一起生活了。"但两个"人"是一体。其中一个觉得自己是不朽的，想要终结跟另一个人的关系，而这个人知道自己终有一死以及痛苦的源头。在每个人内心深处，都知道我们是不朽的灵魂，只是配备了会死亡的幻觉之身和小我。所有的痛苦来自将我们虚幻的那一部分当作真的。这时，我们便活在幻觉里，而不是运用幻觉去做我们在这里要做的事，以致造成痛苦和匮乏。这种幻觉是非常必要的，是美好的礼物。但要学会善用幻觉，而不是活在幻觉中。

——我是富裕。我是丰盛。我是喜乐。——

内观（反省或如实观察）静坐，将你的觉知带到你可以看着潜意识创造想法的层次。你可以观察你的根本想法。内观透过一个称为观照的过程，给你"修正"潜意识和小我的机会。内观也把你带到超越潜意识的层次。这是妙用无穷的工具。

——我是富裕。我是丰盛。我是喜乐。——

你是你的灵，不是你的身体、人格体、情境或任何其他东西。你的灵是永恒的，是一切万有。你的灵是真的，你是灵。你是真的。真实创造了

209

幻觉，不是反过来。

——我是富裕。我是丰盛。我是喜乐。——

灵或灵魂在选择显化为地球上的一个人类时，选择了一个或多个人生目的。人生目的是跟所有的其他灵、跟"一"共同选择的。它选择自己在这个物质界要体验些什么。它使一具身体和心智体验这些事。现在，它透过欲望和感受，跟身体和心智沟通，但它从不逼迫身心接受它的选择。身心可以自由选择要不要体验这些欲望。往往，因为恐惧或以往的教养，他们选择不体验。但欲望没有消退；而是保留下来，直到得到满足。当身心不认同灵魂，或跟灵魂唱反调，一个人会体验到不满足。当身、心、灵和谐，创造力是很惊人的，这时"等待"终止了，喜悦的经历毫无阻碍地发生。灵魂于是从体验上认识了自己！随时随地，你都可以自由选择要体验什么。随时随地，你的灵魂都在和你沟通，但你可以选择拒听，很多人以前也常常拒听的。

——我是富裕。我是丰盛。我是喜乐。——

凡真实的必不受威胁。

——《奇迹课程》

——我是富裕。我是丰盛。我是喜乐。——

在其余情况不变之下，一个人或社会的生活越符合一个有身体、心智、小我的灵魂，没有被反客为主，越能富裕和快乐。

现在能给你的最大建议是：天天静坐。你不走向内在，外在会匮乏。静坐带你走向内在，去会见你的本我与无限——一。那不可言传，只能体验。

现在我们简单介绍一。

19

第十九章

一：一切万有

印度教以不同的方式教导这些道理，佛教以不同的方式教导这些道理，道教以不同的方式教导这些道理，耶稣和穆罕默德也都以不同的方式教导这些道理。今天，量子物理学以不同的方式教导这些道理。一如每个灵性导师、智者、量子物理学家、宗教，都以各自的方式教导我们万物都是一体的。带着这种觉知去行动，我们前进得最快、收获最丰富、痛苦最少。这不是什么新概念，但我们常常拒绝聆听。现在，既然你在追寻富裕和喜悦，或许你会想重看这些内容。

一切都是一（One），是同一个本体（Being），只是化身成为不同样貌的个体。也就是说，万物都是本源、一切万有、神的定点。任何事物都不可能在本源之外存在，不可能跟本源分离。个体化以及分裂的假象是必要的，这在第十八章中讨论过。但这些只有在充当工具使用时才是优良的工具。当我们对这些工具深信不疑，把它们当作真相而不视为幻象，它们就会搞破坏，造成不必要的痛苦和无能。

我们非常简扼先来认识一。一旦你醒悟到、感觉到一，从一的立场行动，你会开始明白自己跟所有你欲求之物已经是一体了，而那些会将富裕带来给你的所有人、事、物，跟你也是一体的。你会看出自己是提出要求的人，是传递要求的人，是实现要求的人，也是体验到这项要求显化的人。因此，你无须担忧。你们不属于同一个整体、各忙各的事的假象，只是为了给你刺激和体验。这一章会简短介绍一，在此只提供相关的证据，让你开始思考它。这不过是让你展开一趟只有你能踏上的旅程，因为这趟旅程无法言喻，只能亲身体验。我们都是一体的。

你跟本源是一体的，对本源来说凡事都不困难，本源不会拒绝、否定、排斥任何事物。宇宙对你的欲望是友善的。只要你肯相信，没有不可能的事。

——我是富裕。我是丰盛。我是喜乐。——

你不可能永久持有地球上的事物。生命关乎改变，万变不离一。所有权是有害的心智状态，导致你认为自己拥有的东西，反过来拥有你。再说一遍，在地球上，你认为自己拥有的事物，会反过来拥有你，占据你，带走你的一部分自由。想想这一点。万物都是一。既然如此，你怎么可能拥有一的一部分？你的手能拥有你的腿吗？你的手可以跟腿玩一会儿，却不能拥有它。同样的道理适用在你跟众生之间。当你认为自己拥有什么，你会追着它跑，以免失去它，这种追逐是徒劳无功的。于是，它拥有你。

不如把自己当作事物的管理人，你管理这些事物到该放手为止。不论你喜不喜欢，当大限到了，或者说你在地球上的生命到了必须进入下一阶段的时候，你就得放下所有事物。连你自己的身体迟早也必须脱离现在的形式。因此享受、分享、持有这些事物，但不要认为自己是它们的主人。你可以变成某种事物，却不能真的拥有什么。一切都是一，而一永远在变。

——我是富裕。我是丰盛。我是喜乐。——

每件人、事、物都是相连的。所有的生命是一体的。在喀布尔发生的事，不论你在哪里，都会以某种方式影响你。而你发生的事、你的想法等，会以某种方式影响每个地方的其他人。因此为了你自己好，在思想、行动、存在状态都要从"一体"的立场出发。

——我是富裕。我是丰盛。我是喜乐。——

　　优劣不是人、事、物的天生特质。用好坏来看待事物，是爱批判的弱点。这尤其常变成一个国家的弱点，一个政府认为自己比其他政府优越，特别是政经制度，这也是社会阶级的弱点。有极大量的战争、企业崩毁、社会分裂是"我这一套比你那一套好"的想法造成的。不和睦的代价昂贵，长期来说谁都绝对无利可图。和睦共处是极为有利的。避免不和睦的方法就是看待周遭每个人时，不把他们视为比你或任何人好或糟的人，而是看作不一样的人。也就是说，一个实体（entity）的状态没有所谓的较好或较差，只有不一样而已。以这种观点对待所有的人、事、物，态度就会和平、有利多了。特别跟比较好并不一样。一个实体可以是特别的，但不是特别就比较好。

——我是富裕。我是丰盛。我是喜乐。——

　　如果你想要永久遵循强大到不可思议的宇宙法则，行事时只要站在"整个宇宙是一体的"角度即可，体认到看似各自独立的各个组成分子之间并没有分离。例如，想知道怎样对待商业竞争对手才对你最有利，将你的竞争对手跟你视为一体来行动，去这样对待你的竞争对手。

——我是富裕。我是丰盛。我是喜乐。——

　　没有哪个活在世上的人会无法对这个星球的福祉做出重大贡献。光是改变你的态度，就能影响你周遭的世界。

——苏珊·杰弗斯[1]

---

　　1. 苏珊·杰弗斯（Susan Jeffers 1938-2012），励志书籍作者，著有《恐惧Out：想法改变，人生就会跟着变》等书。

第十九章
一：一切万有

——我是富裕。我是丰盛。我是喜乐。——

　　尽一己之力确保世界上的人都拥有富裕意识和喜乐，对你最有利。许多思想家和科学家开始指出个人的想法会影响整个世界的想法。个人对于世界上发生的事及世界上的每个人都有责任。古希腊人有一个类似的概念：盖娅[1]。世界各地的许多思想家也支持相同的主张，从古希腊的柏拉图，到近东及远东的佛陀。在各个科学领域的现代科学家及思想家也开始研究，指出我们都是相连的。各种科学领域的研究员发现这些连接的各种形式，包括约翰·洛夫洛克（John Lovelock）博士、彼得·罗素（Peter Russell，《地球脑的觉醒》[*The Global Brain Awakens*]）、英国生物学家鲁珀特·谢尔德雷克（Rupert Sheldrake，《生命的新科学》[*A New Science of Life*]）、霍华德·布卢姆（Howard Bloom，《全球脑》[*Global Brain*]）等多人。如果你希望富裕，你独力就能富裕。但如果你协助世界发展富裕意识，你要致富就会容易很多，富裕的程度也会提高很多。

——我是富裕。我是丰盛。我是喜乐。——

　　前文很多地方提到一选择将自己分化出许多个体的原因如下：由于没有它所不是的（That Which Is Not），它所是的（That Which Is）便不存在了。想想看吧。

——我是富裕。我是丰盛。我是喜乐。——

　　犯错的人如果没有你们所有人的默许，是犯不了错的。……你们当中的一个人跌倒时，他是为后人而跌，好警惕后人小心那会绊倒人的石头。

---

1. 盖娅（Gaia），希腊神话中的大地女神，是所有神灵和人类的始祖。

啊，他这一跌也是为了前人，前人尽管脚步快捷稳健，却没有移开绊脚的石头。……遭到凶杀的人对于自己遇害并非没有责任，被打劫的人对自己遇抢并非全无可议之处。……啊，罪人常常是受到损害的受害者。

——纪伯伦

——我是富裕。我是丰盛。我是喜乐。——

我们稍微重温一下量子物理学。我们在前文看到次原子粒子构成了宇宙实体。我们还看到了这些粒子具备智能。我们看到这股纯能量具备智能，也有不可思议的特质。例如可同时存在于两地，不需跨越两地之间的空间就能从一地抵达另一地，可前往过去或未来的时间等。我们也看到自己与这些粒子互有关联、互相合作，因为我们选择观察什么，什么就会显化、会从这片能量池里冒出来。好，你觉得这些能量封包是什么？纯能量是什么？

在我们试着回答以上的问题前，我们先来看看本源、一切万有、许多人所说的神。人家说我们是神的孩子，是按照神的形象和特质创造的，神就是一切万有。好，我们先回到神是仅此一家别无分号的唯一存在的时候，在"创世"之前。其实，线性时间并不存在，但为了讨论起见，姑且想象有那样的时间线。在这条时间线上，神在创造世界之前就存在了，它是孤单的。记住，当它所不是的（That Which Is Not）不存在，它所是的（That Which Is）也等于不存在。在纯粹的世界中，只有一存在，没有其他事物可供一跟自己做比较。因此，一根本不能体验到自己。为了体验自己，一必须分裂出二元，也就是相对性的世界。

一将自己分裂之后，就有了"这个"和"那个"，也就是可供体验存在的二元性。我们把这称为基本二元（Initial Duality）。白昼可以透过跟黑夜做比较来体验自己，反之亦然。这一套适用在所有"相反"的二元或个体——男与女、上与下、左与右。而这些二元体的每个个体之下又有较小的二元。比如，一个女人或男人有悲伤或快乐的二元性，诸如此类。即使是快乐也有程度之分，从非常快乐到不太快乐都有，诸如此类。而所有的这些体验，就是一的体验。但为了我们现在的讨论，我们来看从"一"分出来的基本二元。

现在我们回到能量是什么的问题上。从一，有了基本二元。现在我们把这个二元称为灵和反灵（anti-spirit）。顺带一提，量子科学家发现每个次原子粒子都有一个反面存在，例如，一个质子就有一个反质子。但在我们这一部分的宇宙里没有反粒子，因为反粒子碰到粒子时会摧毁粒子。科学家对这个主题的说法是宇宙的物质与反物质。

好，有一部分的一，是将自己分裂为无限多个小部分（小小的灵）的灵。在这一部分的一，量子物理学家也看到尽管他们将次原子粒子称为粒子，但它其实不是一个"东西"，而是其他东西的基础建材。尽管次原子粒子具备类似波的行为跟类似粒子的行为，但没有真的跑来跑去的粒子，也没有真的在波动的波。你看不到次原子"粒子"，你只能计算并体验它。次原子粒子的行为跟灵一样。怎么会这样呢？现在你看出纯能量是什么了吗？就是灵。在这部分的宇宙里，万物都是能量。能量是物质，而两者是同一回事（E=mc2）。灵是能量。据此，灵是物质。你瞧，并没有界定边界与分离的明确界线。一切万有其实就是一。个体化并不是分离。不妨将个体化想成是划分成许多个层面，不要看作是分离成许多个独立的事物。把这个世界想成是同一个"一"的不同层面或面向，而非独立的事物。

由于万物都是二元的，宇宙也有另一部分，也就是由反物质构成的反宇宙。但那是截然不同的主题。重点在于你现在可以追溯到宇宙的源头，可以解释宇宙以及宇宙跟灵、跟万物的关联。现在你记起了自己的真实身份，我们的真实身份，以及你我为什么在世上做这许多事。你现在也知道本源是什么，你就是本源。这是错综复杂的主题，你不必全懂。知道真相就够了；你不需要详细解释。

——我是富裕。我是丰盛。我是喜乐。——

在其余情况不变之下，一个人或社会越能合为一体，越能富裕和快乐。

再一次，现在能给你的最佳建议如下：天天静坐。不久之后，也许在第一次静坐，也许在之后的静坐，你将会体验到那种一体感，保证你会为之赞叹！这不能言传，只能体验。这趟旅程你只能只身上路。静坐会带你去会见你的本我与无限。这没办法解释，只能体验。

好，既然你与本源和一切万有是一体的，猜猜你还是什么？你的本质就是丰盛！让我们来看看你的丰盛。

20

第二十章

丰盛：

你拥有一切

你看到了自己和本源是一体的，跟一切万有是一体的。这令你丰盛。你也看到了怎样只用想法、存在状态、言语、行动，就从量子场创造出实相。你还看到了只要你相信并做出一致的选择，保持明晰，一切都有可能达成。这一切都令你丰盛。在你的较高层次，你与生俱来就是永久丰盛的，没有一定要怎样做才能丰盛，除了丰盛，你不可能是别的。

我们来看看这种丰盛的各种特质，以及如何使丰盛显化在你的生活中。你跟一切万有是一体的。

花钱要开心、愉悦、兴奋。不论购物或付账单，都要开开心心地付钱。金钱会逃离觉得钱不够的人和对使用金钱有负面观感的人。

——我是富裕。我是丰盛。我是喜乐。——

大自然有能力将你的欲求之物全部给你，同时自己没有一分一毫的损失。匮乏不是真的，只有在我们选择看见匮乏之处，匮乏才会出现在那里。

——我是富裕。我是丰盛。我是喜乐。——

万物的本源所具有的创造力和能力绝对是取之不尽的。按照现有已创造事物的数量，再多创造个一百万倍也不成问题。供给是无限的。

——我是富裕。我是丰盛。我是喜乐。——

匮乏的想法会带走你生活中的丰盛，将匮乏显化在物质世界里。要避免匮乏，就去除所有竞争的想法，要选择开创。竞争是向宇宙声明你相信自己的生存岌岌可危、资源不足。欺骗、压榨、操纵、占便宜、付钱时不公道、觊觎别人的财产、嫉妒之类的想法也一样。这些想法只创造了不富裕意识，导致匮乏。在这种状态下，你可以暂时致富，却不能全面发挥你富裕的潜力，而且说真的，你说不定甚至会有落魄的一天。

——我是富裕。我是丰盛。我是喜乐。——

绝不要着眼在肉眼可见的供给。永远放眼在无形物质所蕴含的无限富裕中，要知道富裕上门的速度，跟你能接收、运用富裕的速度是一样的。谁都没办法借由垄断肉眼可见的供给，阻挡你得到属于你的富裕。

——华勒思·D·华特斯

——我是富裕。我是丰盛。我是喜乐。——

你是依据本源、神的形象和特质而创造的。丰盛和富足是你的自然状态。在你最深的部分，你已经知道事实如此。你只要记住这一点，好体验自己的真貌。

——我是富裕。我是丰盛。我是喜乐。——

宇宙蕴含的生意和富裕足以供应每个人并绰绰有余，而且剩余巨大。人穷不是因为大自然贫瘠，人穷是因为他们的富裕意识很贫瘠。即使活上几十亿辈子，你都不可能用完生命给你的富裕，更别提才一辈子。但你

"没能"接收到这份富裕，是因为你自己的想法、用语、行动，最主要的因素是你选择的存在状态——你的"我是"声明，以及你对自己的真实看法。一个人因为竞争或其他类似因素而无法建立富裕的想法，那是假象。所谓的竞争和负面状况，是相信匮乏的人创造出来的。那些问题会以最神奇的方式降临在这些人身上，以实现他们自己设定的限制。

——我是富裕。我是丰盛。我是喜乐。——

丰盛、富足、财富是你与生俱来的权利。

——我是富裕。我是丰盛。我是喜乐。——

贫穷违反了宇宙法则。根据宇宙的法则和设定，贫穷在这个宇宙里并不是自然的现象，而是异常。

——我是富裕。我是丰盛。我是喜乐。——

别把钱不够的想法挂在嘴上、放在心里，那会把钱吓跑的。

——我是富裕。我是丰盛。我是喜乐。——

多到你想象不到能创造价值的材料和能量，随时都准备好供你自由取用。

——我是富裕。我是丰盛。我是喜乐。——

不要操纵人、事、物。那是竞争的想法。创造的思维才有效率，而且

·

符合丰盛的本质。竞争的思维会使你从应该抵制的匮乏立场来思考，于是你得到匮乏。你怎么会想创造匮乏呢？

——**我是富裕。我是丰盛。我是喜乐。**——

经济学教导我们资源有限。那完全不是真的！经济学是在人类相信匮乏的年代"发明"的。这种信念导致世界匮乏，延续匮乏的假象，进而实现经济学家的预言。经济学是从观察得出的结论，完全忽略了第一起因、灵和存在状态。我们现在才开始看出某些资源是源源不绝的。例如，软件、音乐或其他下载的数字内容或广播都绝不会有用完的一日。你要怎么用完下载的软件？不论你下载多少份，每个人都可下载的原版仍然会在那里。一份就能复制出需要的数量，创造者并不需要花费额外的金钱。我们很快就透过亲身体验得知，若是有心人够多，不出几年，我们就能把整个地球的森林重新种回来，创造"新"水，或做到任何事。别相信匮乏的经济学。否则，那将成为你的实相，一个自我实现的匮乏预言。

经济学是在贫苦的年代发展出来的，所以没能把这套新的量子经济学套用到今天的商业和计算。不信的话，看一下历史。人类一度确信世界是平的，当年所有的"证据"都印证他们的想法；然后他们相信太阳绕着地球转，他们当时的所有"证据"都印证他们的想法。但我们现在知道地球绕着太阳转。但我们真的知道吗？也就是说，不论我们把什么当真，什么就会成真，即使那未必是终极真相（Ultimate Truth）。当我们开始质疑，我们揭露了更接近终极真相且更"正确"的真相。总是有揭露更多真相的余裕，你不能说你目前的答案就是终极真相。我们有限的心智无力理解终极真相的全貌，终极真相是无限的。我们只能一次看到一些小片段。

绝不要停止学习。永远对你现在知道的事物谦卑，你便会知道更多。科学家现在才发现这个宇宙不是四维，而是多维的，就像一幅全像图。我们的感官才是四维（长、宽、高、时间）的。你的本我是多维的，但对多数人来说，他们在物质界的感官能力是四维的。宇宙本身是多维的，所以全部的可能性可以同时存在。仔细思考这一点。匮乏并不是实情，而是对全像宇宙其中一面的观感。你随时都可以选择自己要观察的那一面，经由选择你想相信的事，认定那是无可置疑的真相，你就能体验到那些事。

——我是富裕。我是丰盛。我是喜乐。——

供应是无限的。如果你没有自己想要的事物，要知道问题出在你的想法，而不是宇宙。老实地承认自己要负全责，做出修正。但绝不要有匮乏或短少的言论或想法，因为就是这种想法造成了匮乏和短少。

——我是富裕。我是丰盛。我是喜乐。——

破产是暂时的。但贫穷是心智状态，是心智的疾病，比较持久。但一切都是可以克服的。

——我是富裕。我是丰盛。我是喜乐。——

多少才够？考虑到供给无限的事实，充足大概是指可以让你过上你想要的生活的分量，不论你工作与否。接着，你可以选择何时游乐、何时工作，但不是因为你需要钱。于是，限制与需求就远离了你，让你可以探索生命中金钱以外的其他层面。

——我是富裕。我是丰盛。我是喜乐。——

宇宙里只有丰盛，接收这份丰盛的方法是分享，而不是占有。

·

——我是富裕。我是丰盛。我是喜乐。——

竞争是不必要的。那是在宣告匮乏，匮乏是谬论。

——我是富裕。我是丰盛。我是喜乐。——

商业竞争是匮乏的声明，会招致匮乏。创造是丰盛的声明，是自然状态。从竞争转为开创性的思维，瞧瞧这会给你带来什么收获。

——我是富裕。我是丰盛。我是喜乐。——

这是丰盛的宇宙。没人会"占走你的份儿"或"抢走你的份儿"。资源够每个人使用还绰绰有余。唯一会出现不足的时候，你唯一会"被别人抢先一步"的时候，是当你抱持竞争的思维和行动的时候，你没有从开创的角度思考和行动、信任本源丰盛的本质。

竞争的想法和行动会使你难以正确地遵循宇宙法则，特别是因果律、将心智的画面展现在外的过程、笃定与信心的威力。开创和非竞争性的思维，协助你遵守这些宇宙法则和过程。

——我是富裕。我是丰盛。我是喜乐。——

大地为你结出果实，只要你知道怎样填满你的双手，你就不虞匮乏。跟人交换大地的这些礼物时，你们会得到丰盛和满足。但除非交换时秉持爱和仁慈的公道，否则会导致有的人变贪婪，有的人饥饿。

——纪伯伦

——我是富裕。我是丰盛。我是喜乐。——

他从丰盛中取出丰盛，丰盛依然丰盛。

——《奥义书》

——我是富裕。我是丰盛。我是喜乐。——

在其余情况不变之下，一个人或社会的生活越能看见并相信丰盛，依据丰盛行事，越能富裕和快乐。

再说一遍，要静坐。这是让你从体验中得知自己有多丰盛的最快办法。这些比较高阶的概念不能言传，光凭脑袋没办法全面理解，只能透过体验。你可以用言语之类的符号谈论这些概念，但唯有亲身经历才能让你彻底了解、知道。你只需要走向内在，静坐吧，所有你需要的体验就在那里。有一天，也许在你的第一次静坐，也许在之后的静坐，这绝对会发生。这便是佛陀说的开悟，醒悟到一体。

如果没有喜乐，活着就没有意义，因为生命即喜悦，喜悦即生命。但快乐是什么？快乐怎么变成你呢？

21

第二十一章

生命即喜乐，喜乐即生命

生命的核心本质是喜乐。喜乐是构成生命的材料，反之亦然。这是万物的天然状态。凡是有生命的事物（万物都有生命），喜乐都是其天然状态。我们诞生时就是这个样子，天生自然就能以无忧无虑的狂热和喜乐生活。你可以重拾那份天性，予以扩展。

适用于富裕的宇宙法则，也适用于快乐。这些宇宙法则在前面的章节谈了很多。将这些法则套用到快乐之上，就跟富裕一样。尤其是因果律。你想要快乐，就让另一个人快乐。关于快乐，情境的限制也是假象。你不是因为特定的情境才快乐；是因为你快乐，快乐的情境才出现。快乐的想法和画面也带来快乐的外在事件和情境。还要记住，举手投足要活得像你很快乐，凡事感恩，即使你还没体验到快乐。记得保持超然。你要记住的最重要的一点：外在世界会建构自己，来呼应你的内在世界。如果你在外在世界不快乐，找找你内在哪里不痛快，然后选择开心起来。爱自己，世界便会爱你。你满意自己，世界就会喜欢你、满意你。

这些要怎么办到？去做就好了，现在就做。不要复杂化，这很简单。现在就决定你要满意自己并且爱自己。

快乐是一个决定。现在就决定你要快乐的状态，其余一切就会跟上你的变化。

——我是富裕。我是丰盛。我是喜乐。——

·

快乐是一连串不抗拒的时刻。你抗拒一个时刻，你就不会开心。还有，你抗拒的事物会持续下去；你接纳并摊在自己光明之下的事物将会揭露自己，并放你走。无条件的爱、接纳、超然、包容，这些都通往快乐。

——我是富裕。我是丰盛。我是喜乐。——

悲与喜是同一件事的不同等级，只是看似是两回事儿罢了。冷热其实不过是称为温度的那样东西的不同等级。当你表达了自己和自己的欲望，你感到喜乐。没有的话，你感到悲伤。

——我是富裕。我是丰盛。我是喜乐。——

顺从你的欲望。

——我是富裕。我是丰盛。我是喜乐。——

有人说快乐来自你主动促成自己想要的事物发生，不等待情势自行转变，好事掉到你头上。

——我是富裕。我是丰盛。我是喜乐。——

平衡你的身、心、灵。失衡的话，你可能会不快乐。拨出时间做跟身、心、灵这三个层面有关的事。身体要照顾，跟身体愉快地相处，享受它，使用它，要运动，给身体良好的饮食、休养。心智要持续用新的知识灌溉，要用大脑，周全而审慎地思考，让心智能安歇。对于灵，去了解它、操练它，静坐、跟灵连接。对这三者，都要聆听它们的声音，遵从它们告诉你的话，爱它们。

——**我是富裕。我是丰盛。我是喜乐。**——

喜乐是你的真实本质。灵魂的另一种说法就是喜乐。

灵魂等于喜乐等于自由。欠缺喜乐，就是没有让灵魂展现自己。

——**我是富裕。我是丰盛。我是喜乐。**——

保护并滋养环境、大自然。不论是你周遭的环境或世界，做好分内事，然后再多做一点。环境的健康影响你本我的健康，本我的健康则影响本我的喜乐。环境的优美舒适也会影响你的喜乐。构成你环境的万物的喜乐与和谐，同样会影响你的喜乐与和谐。一切都是相连的。

——**我是富裕。我是丰盛。我是喜乐。**——

爱、欢笑、分享、热忱、乐观、畅快自在，这些都令一个人快乐。选择成为这些特质，你就会快乐。选择从今以后，你要成为这些特质吧。

——**我是富裕。我是丰盛。我是喜乐。**——

从每件事物找出幽默之处。每件事都有幽默之处，即使是最"严肃"的事。试试看。一开始，可能不容易发现幽默处，在你习惯后，这很快就会变成你的第二天性。这能带给你解脱。

——**我是富裕。我是丰盛。我是喜乐。**——

快乐不是来自情境或事件。每个事件都只是它自己，就是一个事件。你选择在经历这件事时快乐或不快乐。

●

——我是富裕。我是丰盛。我是喜乐。——

遇到事情时，选择能令你快乐的回应方式。

——我是富裕。我是丰盛。我是喜乐。——

快乐来自创造，而非反应。

——我是富裕。我是丰盛。我是喜乐。——

快乐来自真诚地观察自己的内在和外在环境。快乐来自诚实地对待自己和你外在的一切。真相，真的会给你自由。

——我是富裕。我是丰盛。我是喜乐。——

选择快乐起来。你不等于你的情况，那是强而有力的假象。你的情况就是你，这，倒是真的。试着了解这一点。当你改变自己，你就改变了你的情况。

——我是富裕。我是丰盛。我是喜乐。——

选择喜欢自己、爱自己。大喊几遍："我爱自己！"要有说服力！只管做这个决定，就在现在。不要复杂化。这是很简单的选择。万一你有不喜欢自己的地方怎么办？开始喜欢它，然后改变它。瞧，你抗拒的事物绝不会放过你。要是有人叫你不要想红色，你就会想着红色。不论你不喜欢自己什么事，停止抗拒。接受它，摊在你的光明下，爱它，超然而平静地审视它。跟它一起微笑，友善地对待它。然后它会向你揭露自己的秘密，然后放你走。但你必须持续选择随时都能全心地喜欢自己。

这表示你要开始省思你对自己的想法。每次你对自己浮现负面的念头，立刻终止它，改成正向思考。思考时要郑重。你会变得跟自己最常想的思绪相同。如果你对自己经常有不慈爱的想法，你会变得没人爱。你跟别人都会没办法爱你。这很简单。慎重地做选择，你这些选择有多明确、一致、充满信心，完全由你掌控。如果你老是想着自己很丑、没人要、不能做这做那，你就会变成那样。宇宙会集结力量来实现你对自己抱持的强烈想法。于是，出现使这些想法实现的情况。改变你的心智，你就改变自己的世界。选择要慎重。

——我是富裕。我是丰盛。我是喜乐。——

活在此时此地。就像在《哈利波特：神秘的魔法石》中，校长阿不思·邓布利多劝告哈利·波特："停驻在梦想中而忘了生活，是行不通的。"哈利发现一面魔法镜子，根据邓布利多的说法，这镜子揭露："我们内心最深处、最渴切的欲望……但不会给人知识或真相。"邓布利多接着告诫哈利不要用它，尽管整天梦想着那些愿望很爽快，那却不是在好好生活。好好生活是允许生命表达自己，喜乐便随着表达而来。可以做梦，但要活在此刻、此地，因为唯有在此刻、此地你才能生活。邓布利多接着解释最快乐的人照这面魔法镜子时，只会看到自己，一个跟此时、此地一模一样的自己。想想这一点。

——我是富裕。我是丰盛。我是喜乐。——

有句老话是这么说的："你笑，世界就跟着你笑，但你哭的时候，只有你一个人在哭。"别哭了，开始笑。

——**我是富裕。我是丰盛。我是喜乐。**——

保持简单。

——**我是富裕。我是丰盛。我是喜乐。**——

要有热忱，活得热情。怎么做？选择这样做。去做就对了。

——**我是富裕。我是丰盛。我是喜乐。**——

改变你的心智。开始看见事物实际上多么美好，你便会得到喜乐。着眼在光明，就绝不会看见黑暗。改变你的心智，扭转你认为自己看见了什么的想法。你可以在同一件事物上看见快乐的画面，而不是不愉快的画面。从万事万物中看见美好，看见魔法。快乐的人就是这样。

——**我是富裕。我是丰盛。我是喜乐。**——

当我们允许自己体认到一切实际上有多棒，喜乐便会降临我们身上。

——玛丽安娜·威廉森[1]

——**我是富裕。我是丰盛。我是喜乐。**——

培养你跟人的关系。根据统计学以及很显然的事实，快乐的人跟亲友的关系是健康而快乐的。爱是强大的力量。要友善，展现无条件的爱，你

---

1. 玛丽安娜·威廉森（Marianne Williamson），美国著名心灵导师，著有《爱的祈祷课程》《爱的奇迹课程》等书。

将会交到朋友，拥有许多美好的人际关系。话虽如此，你必须永远记住，你不需要任何外物，就能够快乐。别变成必须仰赖别人才能快乐的人。那是一种瘾头，也是虚假的，更别提对别人施加的不公平压力，最后只会令人快快不乐。

爱自己，体认到你对别人的爱必须是无条件的、自由的。要友善。保留你选择的自由。任何不容许你自由做选择的关系，都是会造成不快乐的不健康关系。稳定、公平、自由、关爱的关系，在所有层面上都会带来快乐。想一想吧。你不会因为任何原因，亏欠任何人任何东西，永远不会。你为人做的每件事都是送给他们的礼物，反之亦然。一旦你深深明白这句话，你就明白无条件的爱，这种爱对别人不会企求什么，也不会逼人接受你的付出。在无条件的爱里，一切存在的事物都是愉快而自然收受的礼物。

——我是富裕。我是丰盛。我是喜乐。——

喜乐随着爱而来。什么是爱？爱不是约束，而是自由；是解放者，不是约束者。爱是自由表达，不是限制。有真爱，事物会照着原貌欣欣向荣。原貌就是完美。

——我是富裕。我是丰盛。我是喜乐。——

斟满彼此的杯子，但不是从一个杯子里啜饮。

——纪伯伦

——我是富裕。我是丰盛。我是喜乐。——

片刻都不要想着你多么不快乐，或是这个那个令你不快乐。记住，你会变得跟你最常想的思维一样。

第二十一章
快乐：生命即喜乐，喜乐即生命

——我是富裕。我是丰盛。我是喜乐。——

你越不批判，就越快乐。你越宽容，就越快乐。

——我是富裕。我是丰盛。我是喜乐。——

珍惜并滋养你的自由，也释放别人自由。为自己和别人实践无条件的爱。自由与爱，都是开启快乐的钥匙。别限缩自己或别人的自由。真实且无条件的自由和爱，是滋养创意、信任、成长、灵的表达，进而带来喜乐的火焰。了解无条件的爱与自由的本质，这很重要。充满条件限制的爱和自由违反宇宙唯一的常数：变化。每一刻，事物都在改变。改变是成长。有条件的爱抗拒变化，爱的是一个想法，而不是一个人。那是在爱一个以前的已知时刻，而非未知的未来时刻。他们深深惧怕有朝一日这些条件会被打破。这种恐惧会把恐惧的事吸引来。我们今天的世界到处都看得到证据。

最后但很重要的一点是，有条件的爱和有条件的自由，会消弭你在任何事件中都选择快乐的力量。快乐是一个选择。明白这一点的人可以喜乐地面对任何情况。设定条件令你较难办到这一点。想要快乐，就开始了解并实践无条件的爱和自由。乐观其成地看着别人自己选择成长，进而成长，不是由你挑选他们去成长。开始享受未来的未知时刻，停止攀附着已知的过去时刻。开始创造，停止反应。

——我是富裕。我是丰盛。我是喜乐。——

要紧的不是你做了多少，而是你在做的时候、跟人分享的时候、灌注了多少爱在里面。少论断别人。论断别人，就不是付出爱。

——特蕾莎修女

——我是富裕。我是丰盛。我是喜乐。——

付出、付出、付出。付出是另一把开启快乐的强大钥匙。

——我是富裕。我是丰盛。我是喜乐。——

无条件地给予一个人在当下需要的东西，不论那是什么。重点是做点什么，再小的事都行，借由花时间做点什么的行为，表达你的关心。

——特蕾莎修女

——我是富裕。我是丰盛。我是喜乐。——

当你施予自己的财物，你只施予了一点点。当你奉献自己，那才是真正的施予。

——纪伯伦

——我是富裕。我是丰盛。我是喜乐。——

变得富裕快乐的一个妙法是天天静坐。静坐让你接触自己的高我，本书讲述的道理将会变成你，成为你的亲身体验，融入你身体的每个细胞。这些道理不再是理论的论述，因为道理就是你。你不用再吃力地实践并记住这些道理，因为道理就是你。开始静坐，要不了多久，这会发生在你身上。在此推荐的静坐法门是内观（如实观察／内省）。

——我是富裕。我是丰盛。我是喜乐。——

散播你的喜乐，令别人开心。这份喜乐会变成七倍再回来。

——我是富裕。我是丰盛。我是喜乐。——

不论你希望别人认同你什么、在你身上看见什么，先认同别人、从他们身上看见同样的事。

——我是富裕。我是丰盛。我是喜乐。——

天天赞美别人。找点什么来赞美。赞美要真心。

——我是富裕。我是丰盛。我是喜乐。——

想想这个。在终极实相中，没有对错，没有应不应该。没有意外、巧合、好运、厄运，所有事件都是始终如一、永不出错的宇宙法则的完美结果。由于我们做了选择、设定了目标，以致我们在追求这个目标或选择时，对一件事有了对错、好坏之分。例如，如果基于社会风气，我们想要倡导和平、快乐、繁荣，杀戮就是错的。我们的选择导致一件事有了对错之分。但单纯就事论事，不掺杂我们的选择的话，那一件事物就只是宇宙法则的完美结果。

也想想这个。世事变化不定，这包括社会认可跟不认可的事物。即使是现在社会看似认同的行为模式，以前也曾经是不被认可的，有朝一日又可能变成不被认可的行为。反之亦然。同时，在这里能接受的事物，在别的地方或别的时空未必会得到认同。从全球、种族、性别、经济状态、年龄量表来思考这件事，然后问自己为什么。

也想一想这个。你越能自己做主，而不是接受别人替你做的决定，你将会越快乐、成长、自由。

什么是"应该？"什么是"可以"？为什么？你是谁？这些都要想一想。超然地思考，如实地观察这些事。你会从答案中找到解脱、力量、爱、快乐。你越能以自己的真相为依归，不在乎别人的真相，决定自己经历什么生命事件，你越快乐。

——我是富裕。我是丰盛。我是喜乐。——

你透过付出爱来学会爱。做到就是了。除非你复杂化，否则事情并不复杂。别复杂化。

——我是富裕。我是丰盛。我是喜乐。——

开始快乐，一刻都不必等。多棒啊！就在现在，就在这里，你就能做这个决定。你不需要任何外在事物就能快乐、富裕，那都在你的内在。外在只会呼应你的内在，好让你实际体验你的内在状态。

——我是富裕。我是丰盛。我是喜乐。——

真相是，快乐的人越来越快乐，因为他们懂得怎样快乐；苦恼的人越来越苦恼，因为他们将全部的生命力都倾注到他们的苦恼中。

——苏珊·佩奇[1]

——我是富裕。我是丰盛。我是喜乐。——

要记住觉得缺了什么的危险。永远不要觉得自己缺了快乐或其他事物。感觉自己处于欠缺状态，是永久欠缺的状态，也是宣告你缺了东西。

---

1. 苏珊·佩奇（Susan Page），美国两性书籍作者，著有《如果我不错为何还单身？》。

与其这样，不如欲求那件事物，超然地意图拥有那件事物。

——我是富裕。我是丰盛。我是喜乐。——

你给出越多爱，得到的爱越多。

——我是富裕。我是丰盛。我是喜乐。——

喜乐是摘除面具的哀愁……喜乐时，望向内心深处，你会发现只有曾经令你哀愁的事物正在给你喜乐。哀愁时，再次望向你的内心，你会看到真相是你正在为曾经令你欢快的事物哭泣。

——纪伯伦

——我是富裕。我是丰盛。我是喜乐。——

不要抱怨。不向自己或别人抱怨。那有什么好处？只会强调负面、造成负面而已。

——我是富裕。我是丰盛。我是喜乐。——

笑吧。只管笑吧。试试看，这会让你快乐。笑吧，因为你知道生命如何运作——因为你知道这个大秘密。

——我是富裕。我是丰盛。我是喜乐。——

　　真正的喜乐来自内在，来自存在状态。愉悦和痛苦来自外在，来自你之外的事物。喜乐永远不会变成其他东西。喜乐是灵、存在的本质，不受外物影响。一旦你临在当下，觉知本我，跟本我搭上线，喜乐会遍及你内在的每个角落，永不止息。不会停，也停不了，但你可能因为没有活在此地此刻、全然临在，而看不到喜乐。喜乐是永恒状态，处于当下。喜乐不在过去和未来，那是不存在的"时间"，只存在于心智里。

　　话说回来，愉悦和痛苦是外在的，也是互补的。给你愉悦的事物也是给你痛苦的事物。想想看吧。当令你愉悦的外在事物不在了，不论那是什么，你都感到痛苦，没有得到它的痛苦。同一件事物给了你愉悦和痛苦。给你带来痛苦的事物不在了，你感到愉悦。同一件事物给了你苦和乐。所有的外在事物都是如此，所以人常常觉得不满足。但一旦你接触到自己的本我、活在当下，真实的喜乐便浮到表层，而且绝不会变成痛苦。之后，你无入而不自得，连最"苦"的事也不能令你痛苦，你会赞叹全部的生命。喜乐是本体（Being），本体是如是（Is-ness）、是当下。之后，你会跟万事万物和睦共存，不抗拒当下这一刻，而是透过真正的选择，强而有力地创造你之后的每一刻。

　　抗拒如是没用，抗拒当下很痛苦。你指望从抗拒当下的现实得到什么？你不能一笔勾销现状。又何必麻烦呢？但当你接触到你的本我，感受到喜乐，你就不需要用道理来说服自己停止抗拒当下。你会自然而然爱上万事万物。

　　为什么同一件事物令你痛苦也令你快乐？因为你的心智没有活在当下这一刻。例如，如果你喜欢某件给你快乐的事物，你有它的时候就开心（除非你担心失去它），没有它的时候，你让心智逃离当下，逃到过去和未来，你思来想去，于是你开始有了"问题"。你迷失在这样的思绪里："我有那个东西的时候真的很开心，要是我现在有那个东西该有多棒啊，我期待下次拥有它的时候。我不高兴现在没有它。"你这样想，就全然错过了当下的喜乐、当下的现实。而当下、如是、过去与未来之间的"缺口"只存在于你的心智中，就会造成痛苦、焦虑、不满。

喜乐永远只发生在当下这一刻，永远都在，但你可以选择不要看到喜乐。当你脱离心智，没有心智，你就是本体、当下，与其余万事万物和睦共存，就在现在。这种状态是享受当下的最佳状态，创造随后的当下的力量也最强大，没有忧虑、焦虑和负面。你的心智是工具，你应该动用心智，意图创造你的下一个当下。这种意图是极快又超然的想法，应该不时想一下，每次不要超过几秒。如果你运用心智在脑子里翻来覆去想着过去和未来，你做的只是活在过去、担忧未来、失去当下的喜乐。总之，这不是创造未来的好办法。所有的问题都只存在于心智，无法存在于当下。在当下，你总会平安度过。你没办法在当下失败。不是现在起的两秒后，或五小时后，而是就在当下。所有的问题都存在于当下之外，在你的心智里；问题是在你不正确地使用心智时才会出现。

——我是富裕。我是丰盛。我是喜乐。——

在其余情况不变之下，一个人或社会越能付出无条件的爱，令彼此快乐，活在当下，越能富裕和快乐。

记住，生命是欢庆，喜乐可促进欢庆。喜乐就是灵用自己喜欢和想要的方式，表达自己。抒发你的灵，让别人抒发他们的灵！

好，我们从金钱破题，一路谈到较大的议题，现在我们应该回到金钱的主题了。金钱不是真实的东西，只象征了我们内在那份真正的富裕。到目前为止，我们讨论过真实事物的构成成分。即使金钱不是真的，我们仍然需要知道如何运用金钱。这是周而复始的循环，周而复始。金钱是构成富裕意识的许多其他事物的终点，却是以物质财富来体验富裕意识的起点。

金钱是富裕的象征，也是体验富裕的起点，好让我们从亲身经历中明白富裕的滋味。金钱有两个用途：允许我们交换各自的礼物，也允许我们体验富裕。经由这个经验，我们可以增加富裕意识，对富裕意识的热爱更加高涨。富裕意识招徕富裕与金钱，而这又招徕富裕意识，循环不息，周而复始。因此，我们回头看金钱。

22

第二十二章

金钱：

如何使用这个象征

下面的内容值得重复，因为重复带来内化。金钱不是真实的东西，只象征了我们内在那份真正的富裕。目前为止，我们讨论过真实事物的构成成分。即使金钱不是真的，我们仍然需要知道如何运用金钱。这是周而复始的循环，周而复始。金钱是构成富裕意识的许多其他事物的终点，却是以物质财富来体验富裕意识的起点。金钱是富裕的象征，也是体验富裕的起点，好让我们从亲身经历中明白富裕的滋味。金钱有两个用途：允许我们交换各自的礼物，也允许我们体验富裕。经由这个经验，我们可以增加富裕意识，对富裕意识的热爱更加高涨。富裕意识招徕富裕与金钱，而这又招徕富裕意识，循环不息。周而复始，周而复始。

我们花点时间来谈金钱。

别对金钱感到羞耻。言谈举止不要活得像以金钱为耻。如果你想要富有，隐藏金钱、在处理金钱事务时把钱当成脏东西、对金钱不老实之类的心态和行为，都是对你不利的言行。不是要你开始夸耀，只是呼吁你对自己在金钱事务的各个面向都要真心实意。对金钱及金钱事务必须诚正。你对金钱及金钱相关事务不规矩的事或因此而来的事物，最后会损害你的富裕。

——我是富裕。我是丰盛。我是喜乐。——

我爱钱，钱爱我！热情洋溢地不时反复大喊这句话，直到有朝一日完全消除你对金钱的讥讽、罪恶感、恐惧。

——我是富裕。我是丰盛。我是喜乐。——

开心地缴纳你应该分摊的公道税金。税金维持社会的命脉和正常运作。至于怎样才算公道，你自己判断。自古以来，圣贤和导师教导世人10%是公道的金额。连宗教的经文也建议类似的十一税制。从数学来说，10%也是对所有相关单位最适当的比率。

——我是富裕。我是丰盛。我是喜乐。——

对于你的收入，想法子确保你缴纳约10%的收入当税金，捐出约10%给慈善机构，另抽出10%投入会成长、可建立财富的长期投资。然后运用剩下的70%生活、成长、享受人生。将钱用在享受人生的额外好处是当你花钱买东西时，你让别人富裕！

当你富裕很多以后，需要用在生活的收入百分比可能会降低，你就可以提高捐赠和投资。这些自古流传下来的比率，目的是让你跟你的世界都能得到成长和富裕的最佳机会。

——我是富裕。我是丰盛。我是喜乐。——

个人账户和公司账户都要记得清清楚楚。要知道自己的金钱状况，钱用在哪里、钱从哪里来。精通任何事物的第一步是要知道这件事物，不知道你的钱流到哪里对你不利。如果你的支出大于进账，维持你的生活或说维生，将会拖垮你。你不能规划、分析你不知道的事情。

要小心管理你的财务，不是要你锱铢必较、吝啬。别因为精确地记录自己的财务状况而变成吝啬鬼，或相信金钱供应有限。记账不是别的，就是记账而已。

——我是富裕。我是丰盛。我是喜乐。——

跟明智的顾问、同事、员工为伍。聪明人随时都有更聪明的顾问。在各个领域都要有聪明的顾问，比方说生意、会计、税务、法律、信托基金、投资等。付他们好价码，他们绩效好的话也多付钱，他们值得领分红奖金时就给他们。记住，富裕通常流向拥有正确知识的人，但得到这份富裕的人自己不见得要具备知识。富人经常是召集知识渊博者来组成团队的人，尽管富人本身可能不具备那些知识。

——我是富裕。我是丰盛。我是喜乐。——

学会让你的努力倍增。一个很棒的方法是把工作大量分派出去，几乎每件工作都交给别人办。人人都有特定的独特能力。但在其他方面，他们跟别人就有很多共通点。例如，爱因斯坦的特殊才华是在物理领域，那是他最与众不同的地方。但在其他方面，他跟别人差不多。他走路、写字、看东西、打扫房子、做其余的日常杂务，表现只比我们好一点或差一点。好，假如有一天，爱因斯坦坚持一手包办他的所有"事"，从思考物理学、到绘制谁都会画的图表、到扫地都自己来，那他能够用在发挥独特才华的时间会锐减，能从中施展的身手也就有限。一个人独一无二的才华，就是让这个人跟世界富裕的特质。

富人通常诚实地看待自己，知道自己做什么最开心，也知道自己有哪些比别人强很多的本事。这是诚实的检视。你的专长也许是策略规划、营销、创新、园艺、飞行、潜水或任何事。或许你也精通许多其他技能，说不定还比多数人强一点，但那不重要。真正的问题是：你有什么优越的本领？不只是好，而且是卓越超群？剩下的唯一问题是：什么是你真心乐在其中、欲罢不能的事？别说："我比我请的清洁工更会擦地板。"就算是真的，对你的志向也帮不上忙。唯一要紧的是，你有什么遥遥领先他人而且让你乐此不疲的本领。然后只做那件事，其余每件事都分派给别人做。别担心别人会把这些事做得比你差。

想象如果比尔·盖茨试图包办微软公司的大小事会怎样。那对他或我们其他人有什么好处？比尔·盖茨那样的人专注在自己最厉害、最陶醉的事物上。他把其余的事派发给别人，就算其中有些事他自己做得比帮手或员工好。此外，这样的人了解在很多事情上，别人比自己强很多。分派工作使你的心力和成果都倍数成长。你的想法和目标，要包括把生意里几乎每件事都分派给别人做，只留下你领袖群伦而且你最乐在其中的事自己做（就算只是创造新点子）。

你越能把事情交给对的人去做，你的生产力越能提升，进而更富裕。

——我是富裕。我是丰盛。我是喜乐。——

提高你得到点子的速度。每天至少抽出几分钟，看看书和杂志。要看得快一点，你接触越多新想法越好。去找速读的课程或书籍。想找好书，可以用亚马逊网络书店的读者评分看看像你一样的读者，觉得哪些书对他们的生活很实用。阅读各个生活领域的杂志，好对世界有广泛的认识。最棒的是杂志里面有图像，图像可滋养你的想象力和目标。

——我是富裕。我是丰盛。我是喜乐。——

另一个看待创造金钱的角度，则是思想的变化使宇宙改变交换能量的方式。倒不是说你可以凭着这一点讨生活，只是要你明白一旦你改变想法，就能让宇宙能量重新安排，使财富增加。我们从历史看看这是怎么运作的。

几千年前，人类是狩猎者和采集者。那是危险又前途未卜的生活。想要稳定、安全的欲望令人类开始想：为什么我每天都得在荒野追着山羊跑？于是，有了把羊关在家里驯养的点子。现在，人类不再在草原上天天追捕羊群，而是将羊群集中关在围栏里，用跟草原一样的草喂养它们。即使在这个新点子出现前，大量的青草、土地、羊始终在那里，但没人想到要改变做法，驯养羊只。这个点子只是令不同形式的能量改变交换的方式。对过好日子的欲望引发了一个想法，想法则引发生活水平改善，而且是运用一向都在那里的相同素材。思想模式的改变带来这个变化。

接着，人类想取得自己需要却没有的物品，以进一步减少生活的辛苦。初期的办法是跟拥有那些东西的部落开战。然后，他们想要安全地取得这些物品，于是他们有了交易的点子。再一次，他们只是改变想法就改善了生活，使各种形式的能量交换出现变化。

交易制度是很好。唯一的问题是他们得带着羊长途跋涉，到下一个村庄交换一袋小麦。想要拥有快捷的交换方式的欲望带来另一个点子，与其每个人四处跋涉，大家不如在中间点碰头，各自展示全部的货物、做交易，于是有了市集。再一次，仔细想一下。构成市集的全部元素一向都存在，但可以那样做的点子就不是了。想改善的欲望引发了一个点子，点子使能量改变交换形式。记住有一条法则说：能量不生不灭，只改变形式。市集不是从天上掉到这些人头上的。他们只是改变了思想模式，事情就成了。

现在，希望交易能够更快的欲望，使我们有了货币市场和股市交易。想想以前的交易者必须用半天时间走路到市集，卖一头牛，再走回家。然后有了货车，农民载好几头牛到市集以后，时间还够他回家载第二批牛到市集。然后有了期货和选择权交易，让人可以几秒就完成几千头牲畜的期货和选择权买卖，用不着早起或搬运任何一头牛！但这都不是从天而降的。一切元素都在那里。大家只是有了不同的欲望，欲望使无限的协调力发威，引发几十个看似无关的事件，终至建立高科技期货和选择权市场，没必要在交易时搬运牛只了。

我们没办法预料一连串的事件必须以怎样的顺序发生，才能得到令交易更快速、利润更高的结果。但因为欲望存在，大自然就实现了我们的欲望。不过暂且让我们回到过去。农业革命发生了，想要更多财富的欲望，让人有了改良农业的方法。再一次，他们只是怀抱欲望，欲望引发了想法，而一向都在那里的东西便重新安排。没有东西从天上掉下来。即使在那个年代，一个国王也要经历三代才能建立宽敞的家园，积聚相当的财物。一般人连想都不敢想自己可以有一栋有几个房间的房子，拥有令生活便利的设施，那是国王和王后的专利。

现在，生活不一样了。我们生来就从观察认定，我们本来就应该都有房子住，我们本来就应该都有衣服穿，以及其他以前王公贵族专属的某些东西。有些你连想都没想过会欠缺的东西，以前的人可是要辛苦打拼好几代才能有呢。我们具备他们没有的笃定。

这里的重点是：明白在个人层次及众人层次的笃定，影响力很大。笃定的想法使能量出现巨大的位移，重新洗牌。若是想法的笃定度跟改善某件事物的欲望都大幅上扬，总会导致能量形式重新大洗牌，创造出更好的生活。

以资讯科技浪潮兴起为例。比尔·盖茨等几百位年轻人在极短的时间内，赚到庞大的财富，没几年就累积了几十亿的身价，以前要四个世代才能做到相同的成绩。其他刚从大学毕业的年轻人看到他们的先例，觉得自己也行。他们很多人都这么相信。不久，各式各样的新兴行业纷纷出笼。每天都有几十位二十几岁的年轻人成为百万富翁。但那几年里，可没有从天上掉下新的东西。一切只靠巨大的欲望、信念、想法的改变。然后，一直以各种形式存在的能量，便重组成许多新形式，带人向财富前进。

几百万个现代人，日子过得比以前的国王们舒服，要不了多久，几十亿普通人的生活会比现在的百万富翁惬意，而且不会有什么新的事物从天而降。我们只是有改善生活的欲望，笃定度更上层楼，因为我们现在开始明白一切是怎么运作的。我们将会修正想法，一切便会以无法预料的重大方式自然发生。

所有需要存在的东西已经都在这里了，我们拥有一切。只要欲望存在，构成我们周遭万物（包括我们的身体）的能量封包，可以组成无限多个想象不到的形式。它们有自己的智能，会以我们想象不到的技能遵从我们的欲望。要是你分析任何物质，不论是光、思想、心智、肉身，统统是以"聚集"成为原子、细胞等形体的能量封包组成。但这些能量封包的不可思议之处，在于它们跟自己建构的那些形体不同，它们不受时空限制。亦即，它们可从A点移到B点，而不用跨越中间的距离。它们也不是幽禁在它们建构的物体内。

也就是说，现在构成你手指的能量封包，跟几秒后的能量封包不会一样。它们可以在你的手指闪现，片刻后又在另一个人的肚子或你家的一颗灯泡闪现。或可说，你没有自己专属的能量封包。其实，它们实际上跟你想象中的粒子不一样。你一直都随时跟每个人、每件事物共享这些封包。它们可以在时间中向前或向后"旅行"。这就是我们跟所有物质的构成成分，即以特定的闪动模式构成形体样貌的能量封包。指定这些特定模式的信息部分来自我们的想法，部分则是宇宙的想法。

所以，医学界现在发现我们的想法跟我们的健康状态息息相关。科学界则发现只要你观察事物，这件事物就没办法不受观察者影响，因为观察者的期待和想法会影响他们观察的事物。

金钱绝对连接到我们的想法、欲望、笃定度、历史，现在科学可以向你证明这一点。最符合你利益的做法是提升你自己跟世界的富裕意识。你富裕起来，世界会跟着富裕，而世界变富裕，则让你致富又省力很多。看看历史就能证明了。

·

军事支出是世界各国政府总支出中最大的一项。但军事支出不会在经济体制中流通，对我们的益处不如其他的支出。一枚造好了却从不发射的核子飞弹是死钱，只放在发射井里等待发射。可是在发射那一天，却造成更大的破坏。不管怎么看，武器只让我们处于恐惧状态。预防战争的办法不是停止制造武器，而是消弭疆界、分裂和经济差异。美国各州要不是在两百年前统一，现在的美国会脆弱很多，也比较不稳定。在美国建立联邦体制之前，美国境内有内乱，也有旅行、商业的障碍。

一旦你以税金的形式缴纳10%的收入给政府，别忘了还要捐出至少10%给慈善机构，从事可以提升社会、进而提升你自己的事。至少抽10%投资长期的优质标的。然后享受并花用其余的部分！

花用金钱时要愉快，你的开销使别人的收入增加，推动经济。想象一下万一大家不再花钱会怎样！我们花用越多，交换的能量越多，我们大家越富裕。一开始，有些人会觉得有点难实践这套10：10：10：70的新做法，因为他们一领到钱就立刻花完，几乎一文不剩，没有按照最佳税率安排他们的财务。但要不了多久，就可以轻松地把这些习惯，调整成符合这套新的分配方式的习惯。

——我是富裕。我是丰盛。我是喜乐。——

了解资产和债务的实际差异，是致富的另一个关键。资产是指可为你创造净富裕或净收入的任何事物。任何东西若是从你口袋拿钱，然后放回更多钱，就算是资产。债务是做不到这件事的。任何东西若是从你口袋拿钱，然后放回的钱较少，就是债务。根据这个定义，一般人认为是资产的事物有些实际上是债务。有贷款的房子是债务（房子是银行的资产）；车是债务，车子耗用掉的现金，大于车子给你的反馈。

富人的资产显然大于负债。那太明显了。你想，如果你的债务大于你实际的资产，那还叫富裕吗？

资产为富人滋生富裕。分析你的生活，按照我们的定义，将生活的每件事物重新分类为资产或债务。永远让资产超过债务，否则你的财力将是零或负数（债）。这是很简单的公式。

购买债务没有不对。确实，依据我们的新定义，很多在生活里最令人快活的东西，漂亮的房子、船、车，都属于债务，但这些东西令生活愉快。因此尽管享受吧，但绝对不要让我们前面定义的那种债务，超过我们前面定义的那种资产；否则你的财务就会变成负数。结余永远要维持在正数。如果你想要那间舒适的房子，得到房子的做法是先努力取得报酬率足以支付房贷的资产，然后用它支付房子的款项。因此先取得资产，用资产来偿还债务。

对了，不要把自己算作资产。找个工作、赚钱缴房贷不是办法。那叫作为钱工作，那通常是既不健康又危险的陷阱。你的钱应该永远为你效劳。你动用心力和劳力在兼差或正职赚来的钱，要用在投资和取得资产上。接着，这些资产与投资会滋生收入，不劳你插手，钱就会自己生钱，为你购买债务。不要为债务工作。为资产工作，然后让资产为你的债务工作。

如果现阶段你不知道该怎么做，就去找书跟顾问，由他们告诉你以你的情况，你能怎么做。要取得或建立的优良资产包括股票、共同基金、利率高且利率超过通货膨胀率的某些类型的银行账户、房地产投资工具、债券、会滋生权利金的资产、可自行维持营运的生意之类。

——我是富裕。我是丰盛。我是喜乐。——

不论你想知道什么，能够给你相关知识的好书或人都存在。书的话，亚马逊网络书店是找书的优良起点。至于其他信息，用搜索引擎查一下，通常就能找到你要的信息。在现今这个年代，我们什么都不缺。说真的，我们一向都不缺什么，短缺只是我们自己捏造的。

——我是富裕。我是丰盛。我是喜乐。——

　　活出奢华的生活。记住，生命是展现在外的心智画面。持续改善你的本我和环境，置身在具备奢华、美丽本质的事物之间。很多心智画面是由周遭事物构成的，所以应该要有心智画面的好来源。奢华、健康的环境与自然会衍生更多富裕，因为那会孕育出较高级的心智画面。在自在、愉快的前提下，尽可能活得奢华。

——我是富裕。我是丰盛。我是喜乐。——

　　照顾大自然，大自然是生金蛋的金母鸡。不论快慢，都不要污染或破坏环境，那是在杀害让你得以存在的同一个本源。记住因果律，这是运行不辍的法则。人类以为自己可以毁掉环境并全身而退，通常是谋一己私利，因为遭殃的是未来的世代。因果律从不出错。就跟你会呼吸一样肯定，你种什么因就会得什么果，不论是正果或苦果。我们唯一不知道的是果实会以什么方式、在哪里、在几时出现。栽下好的种子，你会大丰收。

——我是富裕。我是丰盛。我是喜乐。——

　　金钱是一股价值的能量，就跟所有能量一样，生来就是为了流动，需要保持流动才能存活。愉快地协助金钱流动，钱就会被你吸引来。

——我是富裕。我是丰盛。我是喜乐。——

　　提供别人需要的服务，增加他们的价值。我们来尘世就是要为彼此服务，扮演协助彼此成长的助手。尽你的能力做到这件事，钱会自动流入。

——我是富裕。我是丰盛。我是喜乐。——

对自己说并深深相信："钱爱我，我爱钱。"你讲得越自在、喜悦，不感到愧疚，这句话对你来说就会是真的。要是你浮现罪恶感，找出原因，问自己那原因有几分真实，以及原因是从哪里来的。你对金钱越自在、欢迎金钱、爱钱，你会越富有。

——我是富裕。我是丰盛。我是喜乐。——

钱是容许自由、爱自由的能量。钱会前往自由之地，以及给予金钱自由的地方。守财奴跟吝啬鬼虽然拼命留住钱，却让自己最难取得并留住钱。

——我是富裕。我是丰盛。我是喜乐。——

享受金钱!

——我是富裕。我是丰盛。我是喜乐。——

不要追逐金钱、为钱效劳，不要被钱奴役，也不要试图囤积金钱。与钱同在，跟钱维持自由、放松的关系。感激钱，爱钱，享受钱的功用与特质，亦即给人自由及价值的流动。钱、价值都是能量。相似的能量会相吸，不相似的能量会互斥。因此，你内在的能量属性和振动如果跟金钱一样，你就会吸引金钱。做法就是要快乐、自由、施予、有丰盛的心。

——我是富裕。我是丰盛。我是喜乐。——

金钱喜欢富裕意识，乐于与富裕意识为伍。金钱喜欢跟爱钱、享受钱的人在一起，就跟万物一样，金钱会在自己喜爱的环境下倍增、欣欣向荣。

——我是富裕。我是丰盛。我是喜乐。——

把钱当成活的"人格体"看待。对待金钱，要像对待一个好朋友。

——我是富裕。我是丰盛。我是喜乐。——

你提供越多价值，比方借由贩卖有价值的货物和服务、教别人怎样取得价值和富裕、购买别人的产品和服务、分享等，透过因果律回到你身边的钱越多。

——我是富裕。我是丰盛。我是喜乐。——

每天固定拨出几分钟研究生命、富裕跟你的专业。

——我是富裕。我是丰盛。我是喜乐。——

若是一个人在一段时间内做了价值一百万的生意，三人同心协力赚到的钱就会大大超过三百万。和睦共处时，整体会比个别的总额大。找志同道合的人加入你的生意，来使你的心力和收入倍增。

——我是富裕。我是丰盛。我是喜乐。——

面对金钱要舒服、要自在，要谈论金钱，要像对待一位亲密的朋友那样对待金钱、要爱它。抱持这样的态度，就会吸引金钱。怕钱，或不肯爱钱，会把钱赶跑。

——我是富裕。我是丰盛。我是喜乐。——

有的人很难爱上金钱。但要吸引金钱，你得爱钱才行。要吸引任何事物，爱它是吸引它最快的办法。另一项事实是你会吸引你恐惧的事。当你畏惧金钱，你不会吸引金钱，你吸引到的是金钱令你感到害怕的地方。

有人说爱钱是错的。他们常说："爱钱是万恶渊薮。"分析这句话。对金钱本身的爱不是邪恶的，那顶多是恶行的根源。金钱本身也不是邪恶的，但可能引发觊觎、贪婪，进而犯罪。爱钱是完全健康的，只要你不让这份爱发展成贪婪和犯罪。事实上，不只是钱，对任何事物的爱若是误入歧途，都可以是邪恶的根源。人类为了所爱的情人、财产、宗教而杀人。但爱你的情人、财产或信仰，并没有邪恶之处。错的绝对不会是爱，或是被爱的那件东西。只有以不健康的方式表达爱造成的后果，才可能被视为错误。

因此，尽管去爱钱吧，真心诚意地爱钱，可是要小心，别让那份爱变成贪婪和妒忌。但要爱钱，钱会移向最爱钱的人。

钱是可爱的东西。钱是对丰盛的声明，而非匮乏。丰盛是本源的自然状态。钱让人得以自由地将心思放在生活的其他事物上。生命是奇妙的，充满那么多我们尚未探索过的事物。钱让你自由探索你之前没机会探索的生命领域。金钱也让人有能力表达他们的爱、去分享、去创造、去提携别人。爱钱，钱就会爱你。

——我是富裕。我是丰盛。我是喜乐。——

·

关于财富，拥有几种收入来源是很重要、很根本的。为你的生活建立几种收入来源。这方面的好书有很多。多种收入来源是你财务自由的关键。那体现了你那有活力、自由、多面向的本质。

更精准的说法是，确保每个收入泉源都是一门生意，而不是一份差事。差事是指你人必须在场，这份差事才可以替你赚钱。一门生意则是一旦设立以后，用不着你在场，也会持续运作或成长。差事需要你去做，生意不用——这是差别所在。有的生意实际上是差事。你可能拥有一门跟差事一样的生意，需要你亲自照料，你不时时照顾生意，生意就会垮掉。差事会消耗你的时间和自由，生意给你时间和自由。一个从几门生意得到几种收入来源的人，会有可以好好生活的自由时间，必要时也能设立更多生意。差事绝不会给人这样的自由——不会给你可以多元化并享受生活其他层面的自由时间。因此要有多种收入来源，但确保每个来源都不必依赖你来运作，而且体质要好，不需你时时关注也能运作良好。

——我是富裕。我是丰盛。我是喜乐。——

趁着孩子还小，就教导他们富裕意识。

——我是富裕。我是丰盛。我是喜乐。——

记住，拥有不必靠你在场来维持产能的多种收入来源。想要拥有多种收入来源，只要有这样的欲望，把这列入你的目标，观想，开始买书和杂志，跟人聊聊。接着，恰当的生意、投资、来源就会自动出现。在各方面，随时都要有睿智的咨询顾问，找个了解富裕意识又精通该领域的人给你意见和咨询。也学会信任你的感觉，但不要信任情绪。追随你的欲望。这很容易。

——我是富裕。我是丰盛。我是喜乐。——

非常重要的是，记住宇宙永远给你符合你存在状态和思想的东西，分毫不差。这里要看两遍：如果你相信金钱具有很坏、不值得、邪恶、可耻之类的负面特质，同时你相信自己绝对没有那样的特质，你就创造了内在冲突。你给宇宙的讯息是你"很好、很正面"，而钱"很坏、很负面"。因此，为了实现你矛盾的讯息，宇宙会给你矛盾的结果，结果就是你得到一点点钱。你必须真心诚意地认为自己的"价值"跟你给金钱的"评价"一致。如果你相信自己是"好"人，就真心相信金钱是"好"东西。反之亦然。相信自己是好人而金钱是坏东西的人，钱会很少；相信自己是坏人而好人才会有钱的人，则会没有钱；觉得自己爱钱而钱也爱他们的人，也就是钱跟他们一样是全"好"或全"坏"，是会得到钱的人。

永远记住，你相信丰盛，就会拥有丰盛；不相信丰盛，就不会拥有丰盛。你必须设法仔细理解宇宙的丰盛。看见丰盛，感觉到丰盛，了解丰盛，成为丰盛。你想什么、你的存在状态是什么，你就会得到什么，分毫不差。你越常想到短缺、相信短缺，越会面临短缺。你越常想到丰盛、相信丰盛，自会得到丰盛。

——我是富裕。我是丰盛。我是喜乐。——

在其余情况不变之下，一个人或社会越了解金钱，以生产力提高、倍增的方式运用金钱，越能富裕和快乐。

后记

Afterword

　　前文简单概述了如何处理富裕意识的物质层面问题。金钱和生意的具体层面涉及诸多学问，完全视你的商业兴趣而定。**aHappyPocket.com**网站上提供不少链接和免费资源，可供你起步所需。世界各地也有许多相关书籍，现行的商业主题几乎都有专书，因此要处理富裕的物质层面问题时，绝不会找不到你需要的信息。你正在阅读的这本书，主要是带你量子跳跃到富裕的源头，也就是富裕意识的非物质层面，这是很多人经常忽略或没有觉知到的。结合你现在对富裕意识的知识跟适当的书籍，以及你根据个人的人生目的和事业搜罗到的信息，不可能富裕不了，也不可能失败。

　　好了，我们已经走回起点，这场富裕意识的旅程已接近尾声。但这不是终点。生命是永恒、无限的。在每一个真相的尽头，是新真相的起点。这种追寻永远没有尽头，路只会越走越宽广、愉快。你崭新的美丽旅程才刚开始，这不是终点。但永远记住要保持平衡。你对扩展富裕意识的追寻，要跟扩展其他方面的追寻平衡。享受人生，享受你在人世的时间。唯有保持平衡，你才能找到真正的喜乐、真正的丰盛和富裕。

　　你在等什么？是什么让你却步？你可以成为你想象中最大放异彩的你。没错，就是最大放异彩的。不论现在那看起来有多荒诞，一切都是你可以轻松达成的。把握当下，就在现在。你没有等待的理由，也不能去怪谁。大放异彩，不论你选择怎样大放异彩，就在此刻、此地！